普通高等教育土木工程类专业信息化系列教材

土木工程测量实训

主 编 郑 磊　曲双宝　张顾萍

副主编 程 扬　秦　悦　张慧渊

西安电子科技大学出版社

内 容 简 介

本书是根据土木类工程测量课程编写的配套实训教材，全书内容由浅入深，从基础实训至提升实训，有助于夯实基础，提升测绘综合能力。

全书共四个部分，合计十三个实训项目。第一部分为课内基础实训，包括角度测量、高差测量、距离测量等三项基本测量实训和全站仪、GNSS 的认识与使用，目的是为后续实训项目打好基础。第二部分为课内综合实训，包括地形图测绘、施工测量和线路工程测量等应用型综合实训项目，目的是锻炼应用实践能力。第三部分为综合实训，在巩固专业理论知识和实践技能的同时，提升综合能力。第四部分为提升实训，引入了测量赛项，拓展了课堂教学，锻炼应变能力和团队协作能力。

本书可以作为普通高等院校土木类和工程测量技术类专业的实训教材或实训指导手册。

图书在版编目（CIP）数据

土木工程测量实训 / 郑磊，曲双宝，张顾萍主编. -- 西安 ：西安电子科技大学出版社，2024. 9. -- ISBN 978-7-5606-7448-3

Ⅰ. TU198

中国国家版本馆 CIP 数据核字第 2024VZ2494 号

策　　划　吴祯娥　　刘统军
责任编辑　吴祯娥
出版发行　西安电子科技大学出版社（西安市太白南路 2 号）
电　　话　（029）88202421　88201467　　　邮　　编　710071
网　　址　www.xduph.com　　　　　　　　　电子邮箱　xdupfxb001@163.com
经　　销　新华书店
印刷单位　广东虎彩云印刷有限公司
版　　次　2024 年 9 月第 1 版　　　　　2024 年 9 月第 1 次印刷
开　　本　787 毫米×1092 毫米　1/16　　　印　张　14
字　　数　332 千字
定　　价　36.00 元

ISBN 978-7-5606-7448-3

XDUP 7749001-1

*** 如有印装问题可调换 ***

前　言

　　土木工程测量实训是一门实践性很强的课程，是工程测量类课程的必要组成部分。通过测量实验可以达到巩固和强化本课程的测量理论知识，熟练操作测量仪器的目的，从而提高分析和解决问题的能力，进而锻炼综合能力。

　　全书共四个部分，合计十三个实训项目。第一部分为课内基础实训，包括角度测量、高差测量、距离测量等三项基本测量实训和全站仪、GNSS 的认识与使用，目的是为后续实训项目打好基础。第二部分为课内综合实训，包括地形图测绘、施工测量和线路工程测量等应用型综合实训项目，目的是锻炼应用实践能力。第三部分为综合实训，在巩固专业理论知识和实践技能的同时，提升综合能力。第四部分为提升实训，引入了测量赛项，拓展了课堂教学，锻炼应变能力和团队协作能力。

　　本书的特色如下：

　　(1) 在实训目标上，将其细化为知识目标和技能目标，强化学生对实训任务和目的的认知。

　　(2) 在实训项目安排上，新增了 GNSS 的认识与使用，全站仪、RTK 坐标测量和数字地形图测绘，并与测绘技能比赛相衔接；新增了测绘赛项一级导线测量、二等水准测量和大比例尺的数字测图。

　　(3) 在实训项目内，以案例方式引入实训任务并细化实训操作步骤，新增实训表填写规范、实训操作结果汇报和教师评价，实现实训过程的学生互评和指导教师对学生实训过程与结果的反馈。

　　本书由郑磊、曲双宝和张顾萍担任主编，程扬、秦悦、张慧渊担任副主编。书稿具体编写分工为：郑磊负责附录编写和教材框架制定、章节划分、知识点安排等总体工作；曲双宝负责编写实训项目四、实训项目五、实训项目六、实训项目八、实训项目九、实训项目十、实训项目十一、实训项目十二、实训项目十三；张顾萍负责编写实训项目一、实训项目二、实训项目三、实训项目七；程扬、秦悦和张慧渊负责测量实训须知的编写和书稿的校对等工作。

本书在编写过程中参考与借鉴了测量实训的相关书籍和资料，在此对这些书籍和资料的作者表达诚挚的感谢。

　　鉴于编者水平有限，本书虽经多次修改，但仍难免有不尽完善之处，敬请读者、同仁和专家批评指正！

编　者

2024 年 3 月于成都

目 录

测量实训须知

　　测量实验与实习的目的，一方面是验证、巩固在课堂上所学的知识，另一方面是熟悉测量仪器的构造和使用方法，培养学生进行测量工作的基本操作技能，使理论与实践紧密结合。

　　通过课堂实训的仪器操作、观测、记录、计算、绘图、写实习报告等环节，可巩固课堂所学的基本理论，熟悉测量仪器的构造，掌握仪器操作的基本技能和测量作业的基本方法。通过集中实训，可进一步加深对课程内容和专业测量知识的全面理解和掌握，充分应用测量专业知识，有效地把理论与实践结合起来，提高测量技能。因此，必须重视每一次课堂实训及集中实训。

一、测量实训规定

　　(1) 在实验或实习之前，必须复习教材中的有关内容，认真仔细地预习实验或实习指导书，明确实验的要求、方法步骤及注意事项，以保证按时完成实验或实习任务。

　　(2) 实验或实习分小组进行，组长负责组织协调工作，办理所用仪器工具的借用和归还手续。每个人都必须认真、仔细地操作，培养独立的工作能力和严谨的科学态度，同时要发扬互相协作的精神。

　　(3) 实训应在规定时间内进行，不允许无故缺席、迟到或早退；实训应在指定地点进行，未经指导教师批准，不允许擅自改变实训地点或离开实训场地。

　　(4) 应遵守测量仪器和工具的借用规则、测量记录与计算规则。

　　(5) 应认真听取指导教师的指导，实训的具体操作应按实训指导书的要求及步骤进行。

　　(6) 实训中出现仪器故障、工具损坏和丢失等情况时，应及时向指导教师报告，不可自行处理。

　　(7) 实验或实习结束时，经指导教师同意后，方可交还仪器、工具，结束工作，并及时提交书写工整、规范的实验报告或实习记录。

二、测量仪器及工具的借用与正确使用

(一) 水准仪、经纬仪、全站仪、RTK 等仪器的借用和注意事项

1. 借用仪器检查事项

(1) 检查仪器箱盖是否完整、锁好。

(2) 检查仪器箱的背带、提手是否结实、牢固。

(3) 检查脚架与仪器是否相配，脚架各部分是否完好，其他测量器材和附件是否齐全。

2. 打开仪器箱注意事项

(1) 仪器箱应平放在地面上或平台上才能打开，不要托在手上或抱在怀里打开箱子，以免损坏仪器。

(2) 开箱后，未取出仪器前，要注意仪器在箱内各部分的安放位置与方向，以免用毕装箱时，因安放位置不正确而损坏仪器。

3. 自箱内取出仪器注意事项

(1) 不论何种仪器，在取出前，应先松开制动螺旋，以免取出时因强行扭转而损坏制动和微动装置，甚至损坏轴条。

(2) 自箱内取出仪器时，应用两只手同时分别握住基座和照准部，轻拿轻放，不要用一只手抓仪器。

(3) 取出仪器或在仪器使用过程中，要注意避免接触仪器目镜、物镜，以免玷污，影响成像质量，绝对不允许用手指或手帕等擦拭仪器的目镜、物镜等光学部分。

(4) 自箱内取出仪器后，要立即将仪器箱盖好，以免砂土、杂草等进入箱内，还要防止搬动仪器时丢失附件，箱锁和钥匙一定要注意保管。

(5) 仪器箱多为薄木板或薄铁皮制成，不能承重，因此不要蹬、坐仪器箱，以免仪器箱受压变形或损坏。

4. 架设仪器注意事项

(1) 伸缩式脚架三条腿抽出后，要把固定螺丝拧紧，防止因螺旋拧紧，造成架腿自行收缩而摔坏仪器。

(2) 架设脚架时，三条腿分开的跨度要适中。并得太靠拢，容易被碰倒；分得太开，又容易滑开，都易造成事故。若在斜坡上架设仪器，应使两条腿在坡下(可稍放长)，另一条腿在坡上(可稍缩短)。例如，在光滑地面(如水泥地、柏油路)上架设仪器，要采取安全措施，可用细绳把三条腿互相拉住，以防止脚架滑动摔坏仪器。

5. 使用仪器注意事项

(1) 防止曝晒，防止雨淋。

(2) 在任何时候，仪器旁必须有人看护。

(3) 操作仪器时，用力要均匀，动作要轻捷、准确，用力过大或动作太猛，都会造成仪器的损坏。

(4) 若仪器的某部出现故障,切勿强力振动,应立即停止使用,报告指导教师,设法查明原因,及时进行维修。

(5) 装箱前,要放松各部制动螺旋,装入箱内后,先将箱盖试盖 1 次,在确认仪器位置正确后,再将各部制动螺旋略微拧紧,防止仪器在箱内自由转动而损坏某些部件。

(6) 清点箱内附件,如有缺少,应立即寻找,然后将仪器箱关紧、锁好。

(7) 使用经纬仪(全站仪、基座等)时,必须拧紧基座上的轴座螺旋,以免照准部(棱镜等)脱出摔坏。

6. 仪器搬站注意事项

(1) 在平坦地区短距离搬站时,先检查中心连接螺旋是否上紧(一定要上紧);微松照准部的制动螺旋,万一被碰撞,可稍转动,望远镜应直立向下安放;然后将脚架收拢,一手抱脚架,一手托住仪器照准部,尽量保持仪器直立状态,严禁将仪器扛在肩上搬动。

(2) 长距离或在通行不便的地区迁站时,应将仪器装入箱内再搬迁。

(3) 每次迁站都要清点所有仪器、附件、器具等,防止丢失。

(二) 其他仪器和工具

(1) 钢尺性脆易断,使用时要倍加小心,不要在地面上往返拖拽,防止尺面刻画磨损;尺子拉伸在地面上时严禁踩踏以及各种车辆碾压;拉紧钢尺前,需注意钢尺是否扭结,以防拉断;尺子用毕收卷时,应慢慢顺序卷入,同时用布擦去尘土。(皮尺强度较小,不宜过于用力,以伸直为宜,皮尺如被水浸湿,应立即晾干)

(2) 各种标尺(水准尺、地形尺)不要随意往树上、墙上立靠,以防倒下摔断;标尺如平放在地面时,不要使尺面向下,更不准用标尺垫坐或用来抬东西。

(3) 标尺、花杆、三脚架上的泥土应随时擦净,如着水应随时擦干,以免油漆脱落。

三、测量资料记录规则

测量记录是外业观测成果的原始记载和内业数据处理的依据。在测量记录或计算时必须严肃认真,一丝不苟,严格遵守下列规则:

(1) 实训记录直接填写在实训指导书中相应的记录表格中,不能转抄。

(2) 所有观测成果均要使用硬性(2H 或 3H)铅笔记录,同时熟悉表上各项内容及填写、计算方法,不得使用钢笔、圆珠笔或其他笔书写,字体应端正清晰,字的大小以占表格一半为宜,上部应留出适当空隙,作错误更正之用,记录数字要全,不得省略零位。

(3) 记录观测数据之前,应将记录表上方的仪器型号、日期、天气、测站、观测者及记录者姓名等项目全部填写齐全。

(4) 写错的数字应用单横线划去,在原字上方写出正确数字,不允许用橡皮擦去或在原字上涂改。

(5) 当一人观测另一人记录时,观测者读出数字后,记录者应将所记数字复诵一遍,以防听错或记错。

(6) 每站观测结束后,必须在现场完成规定的计算和验核,确认无误后方可迁站。

(7) 数据运算应根据所取位数，按"四舍五入，五前单进双不进"的取位规则进行取位。

(8) 记录应保持清洁整齐，所有项目都应填写齐全。

四、测量实训的纪律要求

(1) 在进行课堂教学实训及集中教学实训时，每位学生必须自始至终参加各项实训，不允许无故缺勤，指导教师应做好学生的考勤记录。

(2) 在户外实训场地实训时，不得踩踏绿地、花池等，不得破坏各项测量标志。

(3) 各小组成员应认真听从指导教师安排，听从组长指挥，发扬团结友爱、互助协作的精神和勤奋学习、不怕苦、不怕累、实事求是、认真负责的工作作风。

(4) 各项具体实训项目均应严格遵循测量工作的组织原则，达到相应的技术规范要求。

(5) 按时完成各阶段工作，不得拖延，以免影响下阶段工作进度。

(6) 保持实训场地整洁，不准喧闹谈笑，不做与实训无关的事，不动与实训无关的设备，自觉养成良好的学习风气。

(7) 实训过程中，严格遵守操作规程，仔细观察，真实记录实训数据和结果，严防安全事故发生。

(8) 对实训的方法、步骤及实训器材有疑问的，应向指导教师提出。

(9) 结束时，使用的各种工具、测量仪器等必须向指导教师交代清楚；做好各项清洁工作，各种工具、物品要摆放整齐，桌面、地面要保持整洁。

第一部分

课内基础实训

实训项目一　水　准　测　量

实训任务 1.1　水准仪的认识与使用

一、实训目标

1. 知识目标

(1) 掌握水准测量的原理。

(2) 认识自动安平水准仪的基本构造，熟悉各部件的名称、功能及作用。

(3) 理解高差、高程、视线高等概念。

(4) 理解视差产生的原因，掌握其解决办法。

2. 技能目标

(1) 初步掌握水准仪的使用方法，熟悉水准仪的使用步骤，能准确读取水准尺的读数。

(2) 测出地面上任意两点间的高差，计算待测点高程。

二、实训仪器和工具

DS3 自动安平水准仪 1 台，水准尺 1 对(2 根)，尺垫 1 个，三脚架 1 副，记录板 1 个，铅笔、计算器(自备)，必要时自备雨伞 1 把。

三、实训内容

(1) 认识自动安平水准仪，熟悉各部件的名称、功能及作用。

(2) 水准仪的基本操作。

(3) 测量地面两点间高差。

(4) 计算待测点的高程。

四、实训组织

(1) 每实训小组 4~6 人，小组内分工合作，轮流操作，实训安排为 2 学时。

(2) 准备好实训仪器和工具、相关的参考资料和记录表格。

五、实训方法和步骤

1. 认识自动安平水准仪

自动安平水准仪的外形如图 1-1 所示。

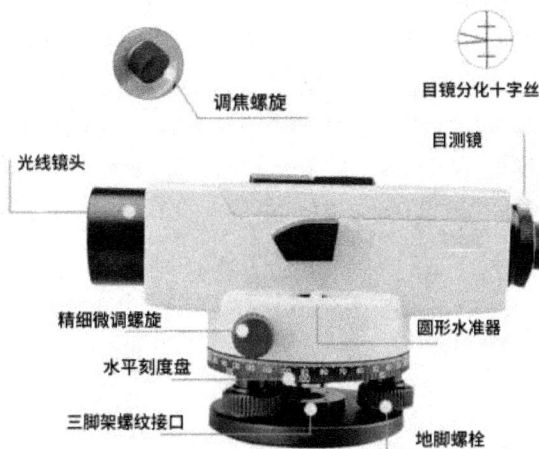

图 1-1　自动安平水准仪

2. 水准仪的使用步骤

水准仪在一个测站上的操作顺序为：安置仪器→整平→瞄准水准尺→读数。

(1) 安置仪器。

在测站上将三脚架张开，按观测者的身高调节三脚架腿的高度，使架头大致水平。在泥土地面上，应将三脚架脚尖踩入土中，以防仪器下沉；在水泥地面上，要采取防滑措施；在倾斜地面上，应将三脚架的一只脚安放在高处，另两只脚安置在低处。

打开仪器箱，记住仪器在箱中的摆放位置，以便仪器装箱时按原位放回。将水准仪从仪器箱中取出，用中心连接螺旋将仪器连在三脚架上，中心连接螺旋松紧要适中。

(2) 整平。

整平是通过调节三个脚螺旋使圆水准器气泡居中。首先反向同时转动两个脚螺旋，使圆水准器气泡向中间移动，气泡移动的方向始终与左手大拇指的运动方向一致(左手拇指法则)；再转动另一个脚螺旋，使气泡移至居中位置。水准仪整平如图 1-2 所示。

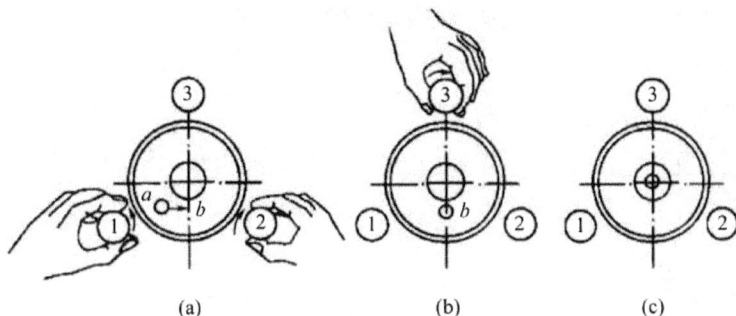

图 1-2　水准仪整平示意图

(3) 瞄准水准尺。

瞄准水准尺的顺序为：目镜调焦→粗略瞄准→物镜调焦→精确瞄准。

将望远镜对着明亮的背景(如天空或白色明亮物体)，转动目镜调焦螺旋，使望远镜内的十字丝像十分清晰(以后瞄准时就不需要再进行目镜调焦)。然后松开制动螺旋，转动望远镜，用望远镜上方的缺口和准星瞄准水准尺，粗略进行物镜调焦，使在望远镜内看到水准尺像(如果无论怎样旋转物镜调焦螺旋都不能看到水准尺，则可能是望远镜没有瞄准，或是物镜前存在遮挡物)，拧紧制动螺旋，转动水平微动螺旋，使十字丝的竖丝对准水准尺中央或靠近水准尺的一侧，此时可检查水准尺是否左右倾斜，如果倾斜，将水准尺修正之后再行瞄准。转动物镜调焦螺旋仔细对光，注意消除视差，使水准尺的分画像十分清晰。最后转动仪器微动螺旋，使水准尺成像在十字丝交点处，图1-3所示为瞄准水准尺与读数示例。

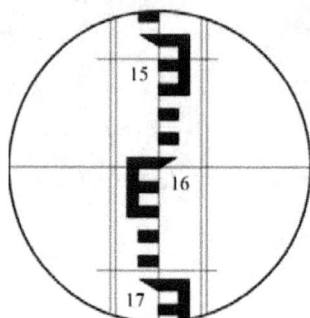

读数1.608

图1-3   瞄准水准尺与读数示例

(4) 读数。

仪器精确整平后，应立即用十字丝的中丝在水准尺上读数。根据望远镜的成像原理，观测者从望远镜里看到的水准尺像是倒立的(大部分仪器如此)，为了便于读数，一般将水准尺上的注记倒写。读数时应先确定读数方向，即确定注记增大方向，依次读出分米值(由分米值可以确定米值)、厘米值(从分米位依次往注记增大方向数)。由于水准尺刻划至厘米位，因此毫米值需要估读，将一个黑格(或白格)划分为 10 等分，然后从小往大的方向依次估读。读数最终结果应为四位数，单位为 m 或者 mm，例如，图1-3中水准尺的中丝读数为 1.608 m，其中末位数 8 是估读的毫米数，也可读作 1608 mm。

读数时应迅速、果断、准确，读数后应立即重新检视圆水准器气泡是否仍居中，如仍居中，则读数有效，否则应重新精确整平后再读数。

3. 记录与计算

观测者读数时，记录员复报读数并记入表中相应栏内，测完后视尺、前视尺读数可计算出两点间高差，并根据给定的后视点高程计算前视点高程。将数据记录和成果计算填入表格中。

六、实训注意事项

(1) 读数前务必检查水准器内气泡是否居中；读数后若发现气泡偏离中心，应重新调平，重新读数。

(2) 水平微动螺旋和微倾螺旋不要旋到极限，应保持在中间。

(3) 观测者身体的任何部位不得接触脚架，不得骑马观测。

(4) 记录和计算应正确、清晰、工整。

(5) 实训完成后，将实习记录交指导教师审阅，验收合格方可将仪器归还到实验室。

(6) 保护好水准仪器和工具，轻拿轻放，非实训人员不能接触仪器和工具，防止损坏或遗失。

七、实训成果

(1) 水准测量练习记录填写规范如表 1-1 所示。

表 1-1　水准测量练习记录表(样表)

安置仪器	测点	后视读数/mm	前视读数/mm	高差/m	高程/m	备注
	A	1206		−0.095	311.736	
	B		1301		311.641	

(2) 水准测量练习记录如表 1-2 所示。

表 1-2　水准测量练习记录表

日期：_____　　　天气：_____　　　班级：_____　　　组别：_____

仪器：_____　　　观测者：_____　　　记录者：_____　　　计算者：_____

安置仪器	测点	后视读数/mm	前视读数/mm	高差/m	高程/m	备注

八、实训总结

实训操作结果汇报如表 1-3 所示。

表 1-3　实训操作结果汇报表

实训项目	
本组组员	组长：　　　　组员：
是否完成	
实训分工	
实训心得体会	优点/已完成部分/正确点： 缺点/未完成部分/错误点：
未完成的主要原因	

九、教师评价

实训过程性评价如表 1-4 所示。

表 1-4　实训过程性评价表

学习环节	评 分 细 则	第_____组 姓名_____	
		分值	得分
实训过程及成果	操作动作规范，操作程序正确	20	
	按时完成实训项目	10	
	无仪器或工具损坏，无事故发生	20	
	记录规范，无转抄、涂改、抄袭等	20	
	计算准确，精度符合规定要求	10	
	服从组长安排，能配合其他成员工作	10	
	遵守实训纪律	10	

十、实训练习

1. 什么是视差？如何判断视差？如何消除视差？

2. 为什么要将水准仪安置在距后视点、前视点大致中间的位置？

实训任务 1.2　普通水准测量

一、实训目标

1. 知识目标

(1) 掌握连续水准测量原理和方法。

(2) 熟悉水准点、转点、测段、测站等概念。

(3) 熟悉水准路线的布设形式。

(4) 理解高差闭合差的含义，掌握高差闭合差的计算和调整方法。

2. 技能目标

(1) 熟悉自动安平水准仪的使用步骤和方法。

(2) 掌握普通水准测量的观测、记录、计算和校核方法。

(3) 掌握高差闭合差的计算、调整及高程的计算。

二、实训仪器和工具

　　DS3 自动安平水准仪 1 台，水准尺 1 对(2 根)，尺垫 2 个，记录板 1 个，铅笔、计算器(自备)，必要时自备雨伞 1 把。

三、实训内容

　　(1) 熟悉自动安平水准仪的使用步骤和方法。
　　(2) 水准路线的布设。
　　(3) 普通水准测量的观测、记录、计算。
　　(4) 普通水准测量的内业平差计算。

四、实训组织

　　(1) 在实训场地内以已知高程点 BM.A 为起点，选一条闭合(或附合另一已知点 BM.C)水准路线，以 4~6 个测站为宜，中间设一待定点 B。
　　(2) 每实训小组 4~6 人，小组内分工合作，轮流操作，实训安排为 2 学时。
　　(3) 准备好实训仪器和工具、相关的参考资料和记录表格。

五、实训方法和步骤

1. 普通水准测量的施测

　　(1) 后视尺人员将水准尺立于已知水准点 BM(Bench Mark).A 作为后视，观测者将水准仪置于施测路线附近合适的位置，前视尺人员在前进方向视地形情况，在与水准仪距离约等于水准仪与后视点 BM.A 距离处设置转点 TP1，安放尺垫并立尺。司尺员应将水准尺保持竖直且分画面(双面尺的黑面)朝向仪器，观测者完成安置仪器并精确整平仪器操作程序。普通水准测量如图 1-4 所示。

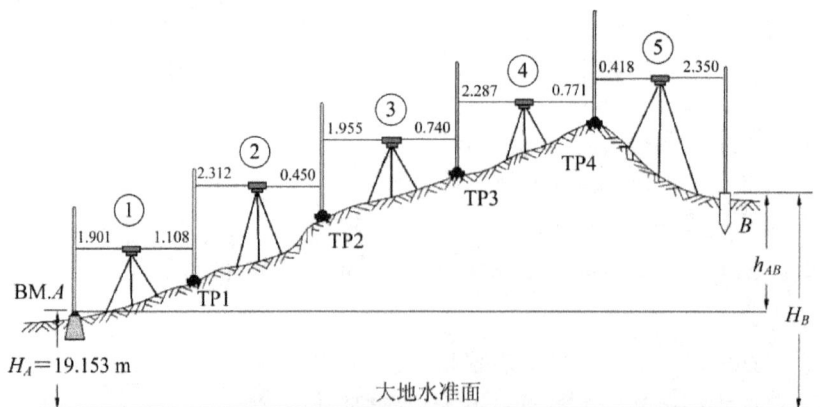

图 1-4　普通水准测量示意图

(2) 瞄准后尺，精确整平后用中丝读取后视读数，转动望远镜；瞄准前尺，精确整平后用中丝读取前视读数。将后视读数与前视读数记录到外业观测表格内，并计算第 1 测站的高差。

(3) 转点 TP1 上的尺垫保持不动，仅将水准尺轻轻地转向下一站的仪器方向，作为第 2 测站的后尺，将水准仪安置在第 2 测站 BM.A 点。司尺员持尺前进，选择合适的转点 TP2 安放尺垫并立尺，开始第 2 站的测量工作。将第 2 测站后视点 TP1 和前视点 TP2 的水准尺黑面中丝读数分别记录到外业观测表格内，并计算第 2 测站的高差。重复以上操作，直至完成第一测段 AB 之间的连续水准测量(A 点和 B 点之间最好设 2~4 个测站，不宜过长)。

(4) 经过 B 点返回 A 点(或 C 点)，完成第二测段 BA(或 BC)的连续水准测量。将实训数据和成果计算记录在普通水准测量表中。

2. 水准测量成果整理

(1) 高差闭合差的计算。

根据已知点高程及各测站高差，计算水准路线的高差闭合差，并检查高差闭合差是否超限。闭合水准路线的起点和终点均为同一点 BM.A，构成一个闭合环路，因此闭合水准路线所测得的各测段高差的总和理论上应等于零，即 $\sum h_{理} = 0$。设闭合水准路线实际所测的各测段高差的总和为 $\sum h_{测}$，其高差闭合差为

$$f_h = \sum h_{测} - \sum h_{理} = \sum h_{测} \tag{1-1}$$

附合水准路线的起点 BM.A 和终点 BM.C 的高程 H_A、H_C 已知，两点之间的高差是固定值，因此附合水准路线所测得的各测段高差的总和理论上应等于终点与起点高程之差，即

$$\sum h_{理} = H_C - H_A \tag{1-2}$$

附合水准路线实测的各测段高差总和 $\sum h_{测}$ 与高差理论值之差即为附合水准路线的高差闭合差，即

$$f_h = \sum h_{测} - (H_C - H_A) \tag{1-3}$$

其限差(单位：mm)公式为

$$f_{h容} = \pm 40\sqrt{L} \quad 或 \quad f_{h容} = \pm 12\sqrt{n} \tag{1-4}$$

式中：L 为水准路线的长度(单位：km)，n 为测站数。

(2) 高差闭合差的检核。

计算高差闭合差容许值，若高差闭合差在容许范围内，则对高差闭合差进行调整，计算各待定点的高程。

对于普通水准测量，规定容许高差闭合差(单位：mm) $f_{h容}$ 为

$$f_{h容} = \pm 40\sqrt{L} \tag{1-5}$$

式中：L 为水准路线总长度(单位：km)。

在山丘地区，当每千米水准路线的测站数超过 16 站时，容许超高闭合差(单位：mm)可用下式计算：

$$f_{h容} = \pm 12\sqrt{n} \tag{1-6}$$

式中：n 为水准路线的测站总数。

(3) 高差闭合差调整和计算改正后的高差。

当计算出的高差闭合差在容许范围内时，可进行高差闭合差的分配。分配原则是：对于闭合或附合水准路线，反号按路线长度 L 或反号按路线测站数 n 成正比的原则，将高差闭合差反其符号进行分配。数学表达式为

$$v_i = -\frac{f_h}{L} L_i \tag{1-7}$$

或

$$v_i = -\frac{f_h}{n} n_i \tag{1-8}$$

式中：L 为水准路线总长度，L_i 为第 i 测段的路线长度；n 为水准路线总测站数，n_i 为第 i 测段路线测站数；v_i 为分配给第 i 测段观测高差 h_i 改正数；f_h 为水准路线高差闭合差。

高差改正数计算校核式为 $\sum v_i = -f_h$，若满足则说明计算无误。

最后，计算改正后的高差 h_i，它等于第 i 测段观测高差 h_i 加上其相应的高差改正数 v_i，即

$$\hat{h}_i = h_i + v_i \tag{1-9}$$

(4) 计算待测点 B 的高程。根据已知水准点高程和各测段改正后的高差 $\hat{h}_i$，依次逐点推求各未知水准点的高程，作为普通水准测量的最后成果。闭合水准路线应推算至起点 A 的高程且与给定的高程一致，附合水准路线应推算至终点 C 的高程且与给定的高程一致。

(5) 按照步骤(1)~(4)完成水准测量的成果验核与计算，并填写实训成果表。

六、实训注意事项

(1) 水准仪每次读数前水准器气泡要严格居中。

(2) 注意用中丝读数，不要误读为上、下丝读数，读数时要消除视差。

(3) 水准视距长度应小于 100 m，中丝最小读数不得小于 0.3 m，最大读数不得超过 2.7 m。

(4) 后视尺垫在水准仪搬动前不得移动，仪器迁站时，前视尺垫不能移动，在已知高程点和待定高程点上不得放尺垫。

(5) 水准尺必须扶直，不得前后左右倾斜。

七、实训成果

(1) 普通水准测量表填写规范如表 1-5 所示。

表 1-5　普通水准测量表(样表)

测站	点号	水准尺读数 /m		高差 /m		高程/m	备注
		后视	前视	＋	−		
1	BM.A	1.901		0.793		19.153	已知
	TP1		1.108			19.946	
2	TP1	2.312		1.862			
	TP2		0.450			21.808	
3	TP2	1.955		1.215			
	TP3		0.740			23.023	
4	TP3	2.287		1.516			
	TP4		0.771			24.539	
5	TP4	0.418			1.932		
	BM.B		2.350			22.607	已知
	$\sum$	8.873	5.419	5.386	1.932		
计算检核		$\sum a - \sum b = +3.454$		$\sum h = +3.454$		$H_B - H_A = +3.454$	

(2) 闭合水准路线测量成果计算表填写规范如表 1-6 所示。

表 1-6　闭合水准路线测量成果计算表(样表)

点号	路线长度 L/km	观测高差 h_i/m	高差改正 v_i/m	改正后高 $\hat{h}_i$/m	高程 H/m	备注
BM.A					8.563	已知
	1.2	−0.926	−0.009	−0.935		
1					7.628	
	1.8	−1.625	−0.014	−1.639		
2					5.989	
	1.6	+1.422	−0.012	+1.410		
3					7.399	
	1.4	+1.174	−0.010	+1.164		
BM.A					8.563	已知
$\sum$	6.0	+0.045	−0.045	0.000		
	$f_h = \sum h_{测} = +45 \text{ mm}$ ，　$f_{h容} = \pm 40\sqrt{L} = \pm 98 \text{ mm}$ $$\left| f_h \right| \leqslant \left| f_{h容} \right| \quad \text{成果合格}$$					

(3) 附合水准路线测量成果计算表填写规范如表 1-7 所示。

表 1-7   附合水准路线测量成果计算表(样表)

点号	路线长度 n/站	观测高差 h_i/m	高差改正数 v_i/m	改正后高差 $\hat{h}_i$/m	高程 H/m	备注
BM.A					36.543	已知
	8	+10.331	+0.008	+10.339		
1					46.882	
	7	+10.813	+0.007	+10.920		
2					57.702	
	9	+13.424	+0.009	+13.433		
3					71.135	
	8	+15.276	+0.008	+15.284		
BM.B					86.419	已知
$\sum$	32	+49.844	+0.032	+49.876		

$$f_h = \sum h_{测} - (H_B - H_A) = -32 \text{ mm}, \quad f_{h容} = \pm 12\sqrt{n} = \pm 68 \text{ mm},$$

$$v_i = -\frac{f_h}{n} = -\frac{-32}{32} = +1 \text{ mm/站}, \quad \sum v_i = +32 \text{ mm} = -f_h$$

(4) 普通水准测量如表 1-8 所示。

表 1-8   普通水准测量表

日期: _____   天气: _____   班级: _____   组别: _____

仪器: _____   观测者: _____   记录者: _____   计算者: _____

测 站	测点	后视读数 /mm	前视读数 /mm	高差 /m	高程 /m

续表

测 站	测点	后视读数 /mm	前视读数 /mm	高差 /m	高程 /m
计算检核	$\sum$				
	$\sum a - \sum b =$		$\sum h =$		

(5) 闭合水准路线测量成果计算如表 1-9 所示。

表 1-9   闭合水准路线测量成果计算表

点号	路线长度 L/km	观测高差 h_i/m	高差改正数 v_i/m	改正后高差 $\hat{h}_i$/m	高程 H/m	备注
$\sum$						

(6) 附合水准路线测量成果计算如表 1-10 所示。

表 1-10   附合水准路线测量成果计算表

点号	路线长度 n/站	观测高差 h_i/m	高差改正数 v_i/m	改正后高差 $\hat{h}_i$/m	高程 H/m	备注

八、实训总结

实训操作结果汇报如表 1-11 所示。

表 1-11   实训操作结果汇报表

实训项目	
本组组员	组长： 组员：
是否完成	
实训分工	
实训心得体会	优点/已完成部分/正确点： 缺点/未完成部分/错误点：
未完成的主要原因	

九、教师评价

实训过程性评价如表 1-12 所示。

表 1-12　实训过程性评价表

学习环节	评 分 细 则	第_____组 姓名_____	
		分值	得分
实训过程及成果	操作动作规范，操作程序正确	20	
	按时完成实训项目	10	
	无仪器或工具损坏，无事故发生	20	
	记录规范，无转抄、涂改、抄袭等	20	
	计算准确，精度符合规定要求	10	
	服从组长安排，能配合其他成员工作	10	
	遵守实训纪律	10	

十、实训练习

1. 画出本次实训普通水准测量的路线示意图。

2. 简述水准测量内业计算的步骤。

实训任务 1.3 四等水准测量

一、实训目标

1. 知识目标

(1) 熟悉四等水准测量的技术规范指标。

(2) 掌握四等水准测量外业计算的理论依据。

(3) 掌握水准测量内业平差。

(4) 理解四等水准测量误差来源和解决方法。

2. 技能目标

(1) 熟悉四等水准测量一测站观测程序、记录与数据计算。

(2) 熟悉四等水准测量的主要技术指标，掌握四等水准测量外业数据的检核方法。

(3) 掌握四等水准测量内业平差计算方法和成果整理。

(4) 熟悉四等水准测量成果精度的控制方法。

二、实训仪器和工具

DS3 型自动安平水准仪 1 台，水准尺 1 对(2 根)，尺垫 2 个，三脚架 1 副，记录板 1个，铅笔、计算器(自备)，必要时自备雨伞 1 把。

三、实训内容

(1) 进行水准路线的布设。

(2) 用四等水准测量方法观测一闭合水准路线。

(3) 进行高差闭合差的调整与高程计算。

(4) 绘制四等水准路线示意图。

四、实训组织

(1) 每实训小组 4～6 人，小组内分工合作，轮流操作，实训安排为 3 学时。

(2) 准备好实训仪器和工具，相关的参考资料和记录表格。

五、实训方法和步骤

在实训场地划定 1 个测区，选定 1 个已知水准点 A 作为起点，选定 3 个未知高程点依次命名为 1、2、3 作为待测点，根据四等水准测量技术要求，以布设闭合水准路线的方式来测定未知点的高程。

1. 四等水准外业观测方法

将已知水准点和待测点布设成闭合水准路线，按下列顺序进行逐站观测：

(1) 照准后视尺黑面，精确整平后读取上丝、下丝、中丝读数；

(2) 照准后视尺红面，精确整平后读取中丝读数；

(3) 照准前视尺黑面，精确整平后读取上丝、下丝、中丝读数；

(4) 照准前视尺红面，精确整平后读取中丝读数。

2. 四等水准外业计算和校核

将观测数据记入表中相应栏内，计算和校核要求如下：

(1) 视线长度不超过 100 m；

(2) 前、后视距差不超过 ±5 m，视距累积差不超过 ±10 m；

(3) 红、黑面读数差不超过 ±3 mm；

(4) 红、黑面高差之差不超过 ±5 mm。

一测站数据计算和校核合格，方可迁站；一测段内必须采用偶数个测站完成测量。将观测与计算数据记录在四等水准记录表中。

3. 四等水准测量成果整理

(1) 整理外业数据，绘制闭合水准路线示意图。

(2) 高差闭合差的计算和检核。高差闭合差不超过 $±12\sqrt{L}$ (平地)或 $f_{h容} = ±6\sqrt{n}$ (山区)，L 为水准路线的长度(单位：km)，n 为测站数。若高差闭合差超限，成果不合格，应重测。

(3) 高差闭合差的调整与分配。

(4) 计算改正后的高差，并根据已知高程推算待测点 1、2、3 的高程。将成果整理数据规范填写在四等水准测量成果计算表中。

六、实训注意事项

(1) 观测的同时，记录员应及时进行测站计算验核，符合要求方可迁站，否则应重测。

(2) 仪器未迁站时，后视尺不得移动；仪器迁站时，前视尺不得移动。

(3) 数据记录应规范整洁，数据记录应实事求是，不可篡改数据。

七、实训成果

(1) 四等水准测量记录填写规范如表 1-13 所示。

表 1-13　四等水准测量记录表(样表)

测站	点号	后尺 上丝 / 下丝	前尺 上丝 / 下丝	方向及尺号	中丝读数/mm 黑面	中丝读数/mm 红面	(K+黑－红) /mm	平均高差/m	备注
		后视距/m	前视距/m						
		前后视距差	视距差累积						
1	A	1.485	1.990	后 7	1244	6029	+2		
	TP1	1.002	1.435	前 6	1712	6400	−1	−0.470	$K_7=4787$
		48.3	45.5	后－前	−0468	−0371	+3		$K_6=4687$
		+2.8	+2.8						
2	TP1	1.422	1.745	后 6	1198	5884	+1		
	TP2	0.950	1.235	前 7	1490	6275	+2	−0.292	
		49.2	51.0	后－前	−0292	−0391	−1		
		−1.8	+1.0						
3	TP2	1.871	1.521	后 7	1627	6412	+2		
	TP3	1.382	1.010	前 6	1265	5951	+1	+0.362	
		48.9	51.1	后－前	+0362	+0461	+1		
		−2.2	−1.2						
4	TP3	1.932	1.542	后 6	1570	6256	+1		
	B	1.210	0.824	前 7	1184	5972	−1	+0.385	
		72.2	71.8	后－前	+0386	+0284	+2		
		+0.4	−0.8						
测段	A→B	218.6	219.4		−12	−17		−0.140	

(2) 四等水准测量记录如表 1-14 所示。

表 1-14　四等水准测量记录表

日期：＿＿＿＿＿　　天气：＿＿＿＿＿　　班级：＿＿＿＿＿　　组别：＿＿＿＿＿

仪器：＿＿＿＿＿　　观测者：＿＿＿＿＿　　记录者：＿＿＿＿＿　　计算者：＿＿＿＿＿

测站	点号	后尺 上丝 / 下丝	前尺 上丝 / 下丝	方向及尺号	水准尺读数/mm 黑面	水准尺读数/mm 红面	(K+黑－红) /mm	平均高差 /m	备注
		后视距/m	前视距/m						
		视距差 d/m	累积差 $\sum d$/m						
				后－前					

测站	点号	后尺	上丝	前尺	上丝	方向及尺号	水准尺读数/mm		(K+黑－红)/mm	平均高差/m	备注
			下丝		下丝		黑面	红面			
		后视距/m		前视距/m							
		视距差 d/m		累积差 $\sum d$/m							
						后－前					
						后－前					
						后－前					
						后－前					
						后－前					
						后－前					
						后－前					

(3) 四等水准测量成果计算如表 1-15 所示。

表 1-15　四等水准测量成果计算表

点号	距离 /km(测站数)	高差中数 /m	改正数 /mm	改正后高差 /m	高程 /m
$\sum$					

$\sum_{测} =$　　　　　　　　　　$\sum_{理} =$

$f_h =$　　　　　　　　　　$f_{容} = \pm 20\sqrt{L} =$

八、实训总结

实训操作结果汇报如表 1-16 所示。

表 1-16　实训操作结果汇报表

实训项目	
本组组员	组长：　　　　组员：
是否完成	
实训分工	
实训心得体会	优点/已完成部分/正确点： 缺点/未完成部分/错误点：
未完成的主要原因	

九、教师评价

实训过程性评价如表 1-17 所示。

表 1-17　实训过程性评价表

学习环节	评 分 细 则	第＿＿＿＿组 姓名＿＿＿＿	
		分值	得分
实训过程及成果	操作动作规范，操作程序正确	20	
	按时完成实训项目	10	
	无仪器或工具损坏，无事故发生	20	
	记录规范，无转抄、涂改、抄袭等	20	
	计算准确，精度符合规定要求	10	
	服从组长安排，能配合其他成员工作	10	
	遵守实训纪律	10	

十、实训练习

1. 为什么四等水准测量要求每个测段内必须为偶数个测站？

2. 若各测站的外业数据检核均合格，但高差闭合差超限，请分析可能存在的原因？

实训项目二　角度测量

实训任务2.1　电子经纬仪的认识与使用

一、实训目标

1. 知识目标

(1) 熟悉电子经纬仪的组成和各部件的作用。

(2) 理解仪器对中和整平的目的。

(3) 理解电子经纬仪的测角系统。

2. 技能目标

(1) 掌握经纬仪的对中、整平、照准、读数的方法(要求对中误差不超过 3 mm，整平误差不超过一格)。

(2) 熟悉经纬仪各部件的作用和使用方法。

(3) 掌握水平度盘的配盘方法。

二、实训仪器和工具

电子经纬仪 1 台，三脚架 1 副，带支架的对中杆 1 根，记录板 1 个，铅笔、计算器(自备)，必要时自备雨伞 1 把。

三、实训内容

(1) 熟悉仪器各部件的名称和作用。

(2) 学会经纬仪的对中、整平、瞄准和读数方法。

(3) 熟悉经纬仪的锁定、置盘等操作。

(4) 盘左盘右各观测一次同一目标的水平度盘读数。

四、实训组织

(1) 每实训小组 4～6 人，小组内分工合作，轮流操作，实训安排为 2 学时。

(2) 准备好实训仪器和工具，相关的参考资料和记录表格。

五、实训方法和步骤

1. 认识电子经纬仪各部件的名称及其作用

电子经纬仪的构造如图 2-1 所示。

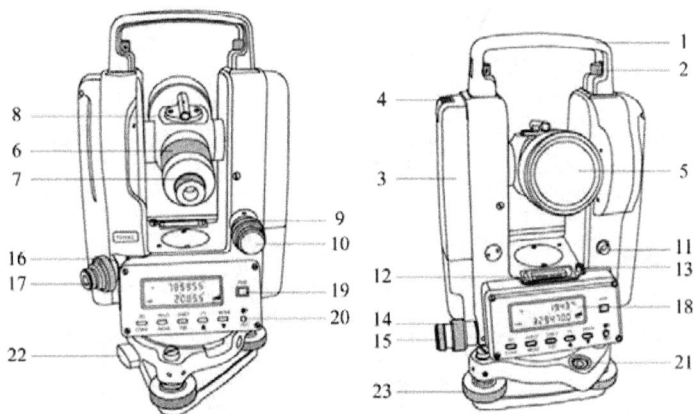

1—提把；2—提把固定螺旋；3—机载电池盒；4—电池盒按钮；5—望远镜物镜；6—物镜调焦螺旋；
7—目镜调焦螺旋；8—光学瞄准器；9—望远镜制动螺旋；10—望远镜微动螺旋；11—测距仪数据接口；
12—管水准器；13—管水准器校正螺丝；14—水平制动螺旋；15—水平微动螺旋；16—对中器物镜调焦螺旋；
17—对中器目镜调焦螺旋；18—显示窗；19—电源开关；20—显示窗照明开关；21—圆水准器；
22—轴套锁定旋钮；23—脚螺旋。

图 2-1　电子经纬仪的构造

2. 电子经纬仪的安置

利用经纬仪测量角度，首先应将仪器安置在测站点(角顶点)的铅垂线上，包括对中和整平两项工作。

对中的目的是使仪器竖轴(或水平度盘中心)位于过测站点的铅垂线上。方法有垂球对中和光学对中两种。

整平的目的是使仪器的竖轴竖直，从而使水平度盘和横轴处于水平位置，竖直度盘位于铅垂平面内。整平分粗略整平和精确整平。

由于对中和整平两项工作相互影响，在安置经纬仪时，应同时满足既对中又整平这两个条件。

电子经纬仪安置的详细步骤为：粗略对中→粗略整平→精确整平→精确对中并整平。

(1) 粗略对中：打开三脚架，使其高度适中，分开大致成等边三角形，将脚架放置在测站点上，使架头大致水平。将仪器放置在脚架头上，旋紧中心连接螺旋，调节三个脚螺旋至适中部位。移动三脚架使光学对中器分划圈圆心或十字丝交点大致对准地面标志中心，踩紧三脚架并使架头基本水平，再旋转脚螺旋使光学对中器分划圈圆心或十字丝交点对准测站点标志中心。

(2) 粗略整平：升降三脚架三条腿的高度，使水准管气泡大致居中。对于有圆水准器的仪器，可通过升降脚架腿使圆水准器气泡居中，达到粗略整平的目的。

(3) 精确整平：图 2-2 所示为照准部水准管整平示意图。转动照准部使水准管平行于任意一对脚螺旋连线，对向旋转这两只脚螺旋使水准管气泡居中，左手大拇指移动的方向为气泡移动的方向；然后将照准部转动 90°，旋转第三只脚螺旋，使水准管气泡居中，反复调节，直到照准部转到任何方向，水准管气泡均居中为止。

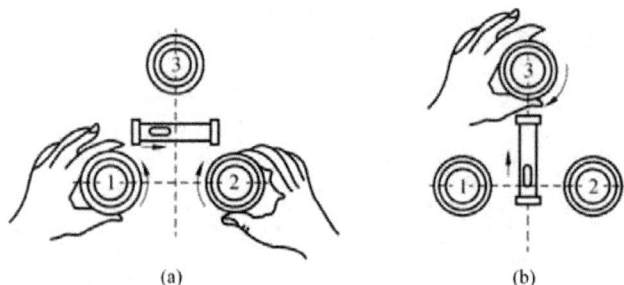

图 2-2　照准部水准管整平

(4) 精确对中并整平：精确整平后重新检查对中，如有少许偏离，可稍松开中心连接螺旋，在架头上平移仪器，使其精确对中后，及时拧紧中心连接螺旋，重新进行精确整平。

由于对中和整平相互影响，需要反复操作，最后满足既对中又整平。

3. 瞄准

用望远镜上的瞄准器瞄准目标，从望远镜中看到目标，旋转望远镜和照准部的制动螺旋，转动目镜调焦螺旋，使十字丝清晰。再转动物镜调焦螺旋，使目标影像清晰，转动望远镜和照准部的微动螺旋，使目标被单丝平分，或将目标夹在双丝中央，瞄准目标时如图 2-3 所示。竖直角测量时，一般以望远镜的十字丝中横丝切标志的顶部。

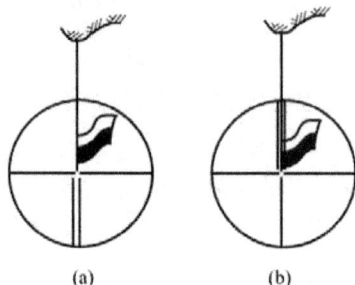

图 2-3　瞄准目标示意图

4. 读数

精确瞄准目标后，显示屏上自动显示相应的水平盘读数和竖盘读数，无须人工判读。

5. 记录与计算

小组内每人观测同一目标的一组水平度盘读数和竖盘读数，记录、计算，并将成果整理至电子经纬仪读数练习表中。

六、实训注意事项

(1) 仪器从箱中取出前，应看好它的放置位置，以免装箱时不能恢复原位。

(2) 仪器在三脚架上未固连好前，必须用手握住仪器，不得松手，以防仪器跌落，摔坏仪器。

(3) 仪器入箱后，要及时上锁，搬动仪器前检查是否存在事故危险。

(4) 仪器制动后不可强行转动，需转动时可用微动螺旋。

七、实训成果

(1) 电子经纬仪读数练习记录填写规范如表 2-1 所示。

表 2-1　电子经纬仪读数练习记录表(样表)

姓名	测站	测点	盘左读数/(°′″)	盘右读数/(°′″)
张三	O	A	12 06 11	192 06 01
李四	O	B	88 15 31	268 15 54
赵五	O	C	152 09 41	332 10 01
秦六	O	D	138 26 17	128 26 54
邓七	O	E	227 43 00	47 43 31

(2) 电子经纬仪读数练习记录如表 2-2 所示。

表 2-2　电子经纬仪读数练习记录表

日期：_____　　天气：_____　　班级：_____　　组别：_____

仪器：_____　　观测者：_____　　记录者：_____　　计算者：_____

姓名	测站	测点	盘左读数/(°′″)	盘右读数/(°′″)

八、实训总结

实训操作结果汇报如表 2-3 所示。

表 2-3　实训操作结果汇报表

实训项目	
本组组员	组长：　　　　组员：
是否完成	
实训分工	
实训心得体会	优点/已完成部分/正确点： 缺点/未完成部分/错误点：
未完成的主要原因	

九、教师评价

实训过程性评价如表 2-4 所示。

表 2-4　实训过程性评价表

学习环节	评 分 细 则	第_____组 姓名_____	
		分值	得分
实训过程及成果	操作动作规范，操作程序正确	20	
	按时完成实训项目	10	
	无仪器或工具损坏，无事故发生	20	
	记录规范，无转抄、涂改、抄袭等	20	
	计算准确，精度符合规定要求	10	
	服从组长安排，能配合其他成员工作	10	
	遵守实训纪律	10	

十、实训练习

1. 简述对中和整平的目的。

2. 根据实训数据，找出同一个目标盘左与盘右水平度盘读数的关系。

实训任务 2.2　测回法观测水平角

一、实训目标

1. 知识目标

(1) 理解单个水平角的测量方法。

(2) 掌握水平角多个测回的区别。

(3) 掌握水平角测量的记录与计算。

(4) 理解角度置盘、多个测回对角度测量误差的影响。

2. 技能目标

(1) 进一步熟悉经纬仪的对中、整平、照准、读数方法。

(2) 熟悉单个水平角度一测回和多测回的操作方法。

(3) 掌握测回法水平角的观测步骤与成果计算。

二、实训仪器和工具

电子经纬仪 1 台，三脚架 1 副，带支架的对中杆 2 根，记录板 1 个，铅笔、计算器(自备)，必要时自备雨伞 1 把。

三、实训内容

(1) 熟悉经纬仪的对中、整平、瞄准和读数方法。

(2) 采用测回法观测单个水平角。

(3) 采用测回法对同一个水平角观测 3 个测回。

(4) 熟练掌握测回法观测水平角的记录和计算。

四、实训组织

(1) 每实训小组 4～6 人，小组内分工合作，轮流操作，实训安排为 2 学时。

(2) 准备好实训仪器和工具，相关的参考资料和记录表格。

五、实训方法和步骤

在实训场地中，由各小组自由选择彼此相距 20 m 左右的任意三点，做好标记并用字母命名。如图 2-4 所示，A、O、B 分别为地面上的三点，O 为测站点，A、B 为观测点，将带支架的对中杆分别安置于 A 点和 B 点(对中杆上的圆水准气泡应居中，保证目标整平)，欲测定 OA 与 OB 之间的水平角 β，采用测回法观测，其操作步骤如下。

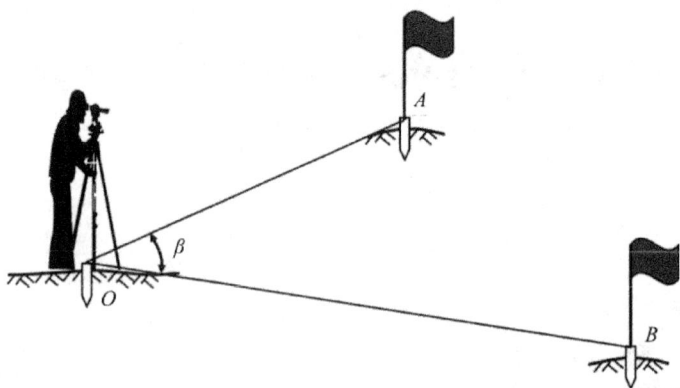

图 2-4   测回法测水平角

1. 安置经纬仪

将经纬仪安置在测站点 O，对中且整平。

2. 度盘配置

要求观测 3 个测回，测回间度盘变动 $\dfrac{180°}{n}$ (n 为测回数)。

3. 上半测回

盘左位置(竖直度盘在望远镜目镜端的左边，又称为正镜)，瞄准目标 A，将水平度盘配置在 0°00′00″ 或稍大于 0° 的位置(第一测回)，读取读数 $a_左$ 并记入手簿，顺时针旋转照准部，瞄准目标 B，读数并记录 $b_左$，这个过程称为上半测回，上半测回角 $\beta_左 = b_左 - a_左$。

4. 下半测回

倒转望远镜成盘右位置(竖直度盘在望远镜目镜端的右边，又称为倒镜)，瞄准目标 B，读得 $b_右$ 并记入手簿，逆时针方向旋转照准部，瞄准目标 A，读数并记录 $a_右$，这个过程称为下半测回，下半测回角 $\beta_{右} = b_{右} - a_{右}$。

上、下半测回构成一个测回。对于 DJ6 型电子经纬仪，若上、下半测回角度之差 $\Delta\beta = \beta_{左} - \beta_{右} \leqslant \pm 36''$，则取 $\beta_{左}$、$\beta_{右}$ 的平均值作为第一测回角 β_1。若超过限差，则需要重测整个测回。

5. 多个测回观测

进行第二个测回时，盘左瞄准左目标 A 后，将水平度盘置为 $60°$，并重复第一测回观测流程，计算出第二测回水平角 β_2。

进行第三个测回时，盘左瞄准左目标 A 后，将水平度盘置为 $120°$，并重复第一测回观测流程，计算出第三测回水平角 β_3。

6. 计算水平角

测站观测完毕后，检查各测回角的互差是否在 $\pm 24''$ 内，若在该范围内，则计算各测回的平均值：

$$\beta = \frac{1}{3}(\beta_1 + \beta_2 + \beta_3) \tag{2-1}$$

若各测回角的互差超过 $\pm 24''$，则需重测。

7. 填写记录表

小组内每人应至少观测一个完整测回，将观测数据记录到对应的表格中，将整理和计算出的最终结果填写至测回法水平角观测记录表中。

六、实训注意事项

(1) 一测回观测过程中，若水准管气泡偏离值超过一格时，应整平后重测。

(2) 同一测回观测时，切勿误动度盘变换手轮或复测扳手。

(3) 计算水平角时，是以右边方向的读数减去左边方向的读数，若不够减，则在右边方向上加 $360°$，绝对不能反过来减。

(4) 瞄准目标时，应尽量瞄准对中杆底部，以减小因目标倾斜而引起的水平角观测误差。

七、实训成果

(1) 测回法水平角观测记录填写规范如表 2-5 所示。

表 2-5　测回法水平角观测记录表(样表)

测回数	竖盘位置	测点	水平度盘读数 /(° ′ ″)	半测回角 /(° ′ ″)	一测回角 /(° ′ ″)	各测回平均角 /(° ′ ″)
1	左	A	00　01　54	84　08　06	84　08　00	
		B	84　10　00			
	右	A	180　01　24	84　07　54		
		B	284　09　18			

(2) 测回法水平角观测记录如表 2-6 所示。

表 2-6　测回法水平角观测记录表

日期：_____　　　天气：_____　　　班级：_____　　　组别：_____

仪器：_____　　　观测者：_____　　　记录者：_____　　　计算者：_____

测回数	竖盘	测点	水平度盘读数 /(° ′ ″)	半测回角 /(° ′ ″)	一测回角 /(° ′ ″)	各测回平均角 /(° ′ ″)

八、实训总结

实训操作结果汇报如表 2-7 所示。

表 2-7 实训操作结果汇报表

实训项目	
本组组员	组长： 组员：
是否完成	
实训分工	
实训心得体会	优点/已完成部分/正确点： 缺点/未完成部分/错误点：
未完成的主要原因	

九、教师评价

实训过程性评价如表 2-8 所示。

表 2-8 实训过程性评价表

学习环节	评 分 细 则	第＿＿＿组 姓名＿＿＿	
		分值	得分
实训过程及成果	操作动作规范，操作程序正确	20	
	按时完成实训项目	10	
	无仪器或工具损坏，无事故发生	20	
	记录规范，无转抄、涂改、抄袭等	20	
	计算准确，精度符合规定要求	10	
	服从组长安排，能配合其他成员工作	10	
	遵守实训纪律	10	

十、实训练习

1. 对一个水平角做多个测回时，为什么要置盘？

2. 观测水平角时，若在第二个测回观测过程中发现管水准气泡严重偏离中心，应该怎么办？

实训任务2.3　全圆方向观测法观测水平角

一、实训目标

1. 知识目标

(1) 掌握全圆方向观测法观测水平角的操作方法。

(2) 掌握全圆方向观测水平角的记录和计算。

(3) 理解归零差、归零方向值、2C 值的概念。

(4) 理解测回法与全圆方向观测法的异同。

2. 技能目标

(1) 进一步熟悉经纬仪的使用。

(2) 熟悉全圆方向观测法观测多个水平角的步骤。

(3) 熟悉全圆方向观测法观测多个水平角的记录与计算。

二、实训仪器和工具

电子经纬仪 1 台，三脚架 1 副，带支架的对中杆 4 根，记录板 1 个，铅笔、计算器(自备)，必要时自备雨伞 1 把。

三、实训内容

(1) 练习全圆方向观测法观测多个水平角。

(2) 掌握半测回归零差、2C 值、归零方向值的计算。

(3) 采用全圆方向观测法对水平角观测 2 个测回。

四、实训组织

(1) 每实训小组 4~6 人，小组内分工合作，轮流操作，实训安排为 2 学时。

(2) 准备好实训仪器和工具，相关的参考资料和记录表格。

五、实训方法和步骤

在实训场地中，选定一点 O 为测站点，然后在测站点四周任意选择 4 点，做好标记并用字母命名。图 2-5 所示为全圆方向观测法观测水平角示意图，O 为测站点，A、B、C、D 为观测目标(目标点距离测站点 O 大概 10~20 m)，将带支架的对中杆分别安置于 A、B、C、D 点(对中杆上的圆水准气泡应居中，保证目标整平)，采用全圆方向观测法观测测站点 O 到 A、B、C、D 各方向之间的水平角，其操作步骤如下。

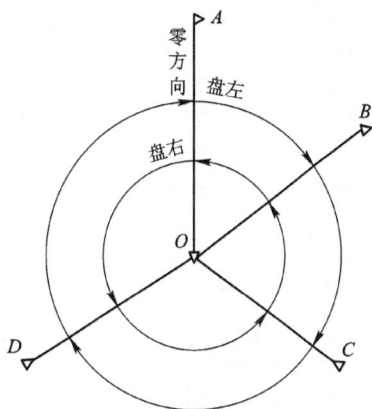

图 2-5　全圆方向观测法观测水平角示意图

1. 安置经纬仪

将经纬仪安置在测站 O，对中且整平。

2. 度盘配置

要求观测两个测回，测回间度盘变动 $\dfrac{180°}{n}$(n 为测回数)。

3. 上半测回

在盘左位置，瞄准零方向 A，旋紧水平制动螺旋转动水平微动螺旋精确瞄准，转动度盘变换器使水平度盘读数略大于 0°，再检查望远镜是否精确瞄准，然后读数记录；松开水平制动螺旋，顺时针方向依次照准目标点 B、C、D，读数依次记录在手簿中相应栏内，最后再次瞄准零方向 A 并读数。以上称为上半测回。两次瞄准 A 点的读数之差称为"归零差"，其值应满足水平角方向观测法的限差要求，否则应重测。

4. 下半测回

倒转望远镜成盘右位置。先瞄准零方向目标 A，并读数；然后按逆时针方向依次照准目标点 D、C、B，并读数，最后观测至零方向 A，将各方向读数记录在手簿中。以上称为下半测回，其归零差仍应满足规定要求。

综上所述，观测顺序为：第一测回配置度盘稍大于 $0°$，盘左位置为 $A \rightarrow B \rightarrow C \rightarrow D \rightarrow A$，盘右位置为 $A \rightarrow D \rightarrow C \rightarrow B \rightarrow A$。

5. 多个测回观测

进行第二个测回时，将零方向水平度盘配置为稍大于 $90°$，再重复第一测回步骤即可。

6. 计算水平角

将成果整理并填写在全圆方向法水平角观测记录表中。盘左各目标的读数按从上往下的顺序记录，盘右各目标读数按从下往上的顺序记录。

(1) 两倍照准误差 $2C$ 的计算：

$$2C = 左盘读数 - (右盘读数 \pm 180°) \tag{2-2}$$

对于同一台仪器，在同一测回内，各方向的 $2C$ 应为一个定值。若有变化，其变化值即 $2C$ 互差不应超过水平角方向观测法的技术要求规定的范围，水平角方向观测法的技术要求如表 2-9 所示。

表 2-9 水平角方向观测法的技术要求

等级	仪器精度等级	光学测微器两次重合读数之差/(″)	半测回归零差/(″)	一测回内 $2C$ 互差/(″)	同一方向各测回较差/(″)
四级及以上	1″级仪器	1	6	9	6
	2″级仪器	3	8	13	9
一级及以下	2″级仪器	—	12	18	12
	3″级仪器	—	18	—	24

(2) 平均读数的计算：

$$平均读数 = \frac{1}{2}[盘左读数 + (盘右读数 \pm 180°)] \tag{2-3}$$

即以盘左读数为准，将盘右读数加或减 $180°$ 后和盘左读数取平均。零方向有两个平均读数，应再次取平均作为起始方向的平均读数。

(3) 归零方向值的计算：在同一测回内，分别将各方向的平均读数减去起始目标的平均读数，得一测回归零后的方向值。起始方向的归零方向值为 $0°00'00″$。

(4) 各测回平均方向值的计算：当一个测站观测两个或两个以上测回时，应检查同一方向值各测回的互差，其限差应满足表 2-9 的要求。若符合要求，取各测回同一方向归零后方向值的平均值作为最后结果；若超限，应重测。

采用方向观测法测水平角时，如方向数为 3 个，可以不归零。若需要观测多个测回，各测回间应根据测回数 n，按 $180°/n$ 的间隔变换度盘起始位置，同测回法操作一样。

7. 填写记录表

小组内每人应至少观测一个完整测回，将观测数据记录到对应的表格中，整理并计算出最终的成果。

六、实训注意事项

(1) 应选择标志清晰、通视良好且离测站点较远的点作为零方向。

(2) 按照顺序记录数据，并及时计算半测回归零差，检查是否超限，超限应重测。

(3) 水平角观测时，同一测回内，若水准管气泡偏离超过一格时，应整平后重新观测；对中、整平仪器后，在一测回内不得再进行仪器整平操作，但一测回操作完毕，可重新整平仪器再进行下一测回观测。

七、实训成果

(1) 全圆方向法水平角观测记录填写规范如表 2-10 所示。

表 2-10　全圆方向法水平角观测记录样表

测站	测回数	测点	水平度盘读数		2C (″)	平均读数 /(° ′ ″)	一测回归零 方向值/(° ′ ″)	各测回平均 方向值/(° ′ ″)	角度 /(° ′ ″)
			盘左/(° ′ ″)	盘右/(° ′ ″)					
O	1	A	00 00 48	180 00 24	+24	(00 00 33) 00 00 36	00 00 00	00 00 00	89 29 46
		B	89 30 24	269 30 06	+18	89 30 15	89 29 42	89 29 46	
		C	162 31 18	342 31 00	+18	162 31 09	162 30 36	162 30 32	73 00 46
		D	238 26 54	58 26 30	+24	238 26 42	238 26 09	238 26 00	75 55 28
		A	00 00 42	180 00 18	+24	00 00 30			121 34 00
		Δ	−6	−6					
O	2	A	90 01 06	270 00 42	+24	(90 00 51) 90 00 54	00 00 00		
		B	179 30 48	359 30 36	+12	179 30 42	89 29 51		
		C	252 31 30	72 31 06	+24	252 31 18	162 30 27		
		D	328 26 48	148 26 36	+12	328 26 42	238 25 51		
		A	90 01 00	270 00 36	+24	90 00 48			
		Δ	−6	−12					

(2) 全圆方向法水平角观测记录如表 2-11 所示。

表 2-11　全圆方向法水平角观测记录表

日期：_____　　天气：_____　　班级：_____　　组别：_____

仪器：_____　　观测者：_____　　记录者：_____　　计算者：_____

测站	测回数	测点	水平度盘读数		2C /(″)	平均读数 /(° ′ ″)	一测回归零方向值/(° ′ ″)	各测回平均方向值/(° ′ ″)	角值 /(° ′ ″)
			盘左/(° ′ ″)	盘右/(° ′ ″)					

八、实训总结

实训操作结果汇报如表 2-12 所示。

表 2-12　实训操作结果汇报表

实训项目	
本组组员	组长：　　　　组员：
是否完成	
实训分工	
实训心得体会	优点/已完成部分/正确点： 缺点/未完成部分/错误点：
未完成的主要原因	

九、教师评价

实训过程性评价如表 2-13 所示。

表 2-13　实训过程性评价表

学习环节	评 分 细 则	第_____组 姓名_____	
		分值	得分
实训过程及成果	操作动作规范，操作程序正确	20	
	按时完成实训项目	10	
	无仪器或工具损坏，无事故发生	20	
	记录规范，无转抄、涂改、抄袭等	20	
	计算准确，精度符合规定要求	10	
	服从组长安排，能配合其他成员工作	10	
	遵守实训纪律	10	

十、实训练习

1. 多个测回观测水平角时，每一测回进行水平度盘操作可减弱哪些误差影响？

2. 简述测回法和全圆方向观测的区别有哪些？

实训任务2.4 竖直角测量

一、实训目标

1. 知识目标

(1) 加深对竖直角测量原理的理解。
(2) 了解竖直度盘的构造，能够正确判断竖直角计算公式。
(3) 掌握竖盘指标差和竖直角的计算。
(4) 了解竖盘指标差与竖盘水准管之间的关系。

2. 技能目标

(1) 进一步熟悉经纬仪的使用。
(2) 掌握竖直角的观测、记录和计算方法。
(3) 掌握竖盘指标差的计算。
(4) 掌握利用竖直角观测的方法检验建筑物的垂直度。

二、实训仪器和工具

电子经纬仪 1 台，三脚架 1 副，记录板 1 个，铅笔、计算器(自备)，必要时自备雨伞 1 把。

三、实训内容

(1) 练习竖直角一个测回观测的步骤。

(2) 计算竖直角和竖盘指标差。

(3) 观测建筑物的垂直度。

四、实训组织

(1) 每实训小组 4～6 人，小组内分工合作，轮流操作，实训安排为 2 学时。

(2) 准备好实训仪器和工具，相关的参考资料和记录表格。

五、实训方法和步骤

1. 竖直角观测

在实训场地中，选定一点 O 为测站点，在测站点 O 四周任选两个目标点 A、B(距 O 点 15～30 m)，且使 A 点高于 O 点，B 点低于 O 点，并做好标记。欲测定测站点 OA、OB 方向的竖直角，其操作步骤如下。

1) 安置经纬仪

将经纬仪安置在测站点 O，对中且整平，判断竖盘注记形式，确定竖直角的计算公式。以竖直度盘顺时针方向注记为例，竖直角公式判断如图 2-6 所示。

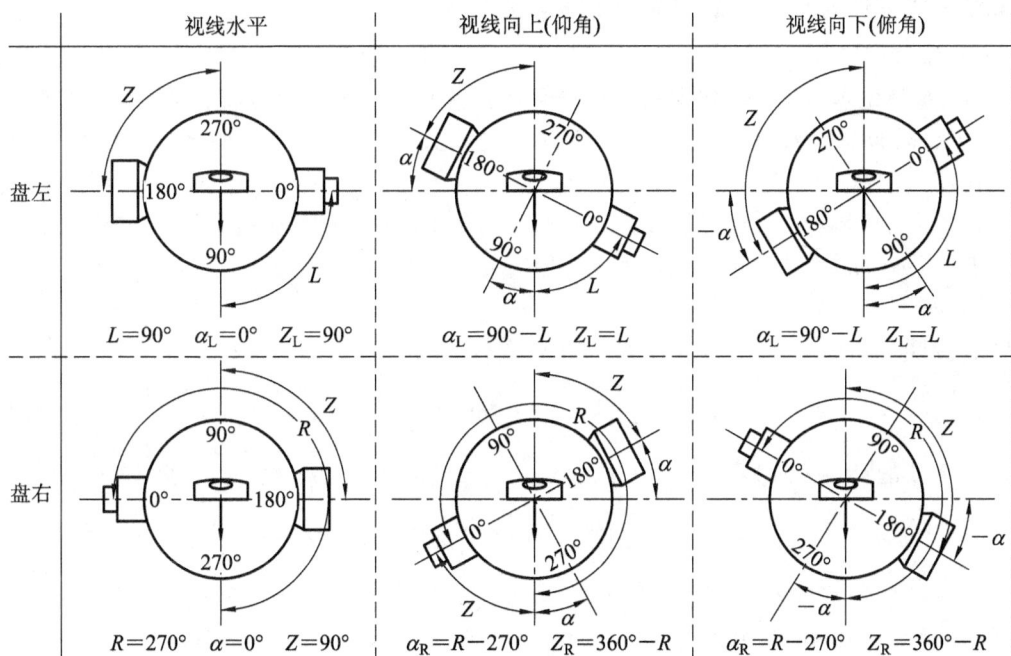

	视线水平	视线向上(仰角)	视线向下(俯角)
盘左	$L=90°$　$\alpha_L=0°$　$Z_L=90°$	$\alpha_L=90°-L$　$Z_L=L$	$\alpha_L=90°-L$　$Z_L=L$
盘右	$R=270°$　$\alpha=0°$　$Z=90°$	$\alpha_R=R-270°$　$Z_R=360°-R$	$\alpha_R=R-270°$　$Z_R=360°-R$

图 2-6　竖直角公式判断

图 2-6 中盘左位置，当望远镜视线水平时竖盘读数为 90°。当望远镜上仰时，倾斜视线与水平视线所构成的竖直角为仰角 α_L，读数指标指向读数 L，读数减小，则盘左竖直角

$$\alpha_L = 90° - L \tag{2-4}$$

图 2-6 中盘右位置，当望远镜视线水平时竖盘读数为 270°。当望远镜往上仰时，倾斜视线与水平视线所构成的竖直角为仰角 α_R，读数指标指向读数 R，读数增大，则盘右

竖直角

$$\alpha_{\mathrm{R}} = R - 270^{\circ} \tag{2-5}$$

对于同一目标，由于观测中存在误差，盘左、盘右所获得的竖直角 α_{L} 和 α_{R} 不完全相等，应取盘左盘右竖直角的平均值作为最后结果，即

$$\alpha = \frac{1}{2}(\alpha_{\mathrm{L}} + \alpha_{\mathrm{R}}) = \frac{1}{2}[(R - L) - 180^{\circ}] \tag{2-6}$$

以上竖直角计算公式同样适用于俯角的情况。

将上述公式的推导推广到其他注记形式的竖盘，可得竖直角计算公式的通用判别法如下：

(1) 若望远镜视线往上仰，竖盘读数逐渐减少，则竖直角 α(仰角)的计算如下：

$$\alpha = 视线水平时的常数 - 瞄准目标时的读数 \tag{2-7}$$

(2) 若望远镜视线往上仰，竖盘读数逐渐增加，则竖直角 α(俯角)的计算如下：

$$\alpha = 瞄准目标时的常数 - 视线水平时的读数 \tag{2-8}$$

在计算竖直角时，对不同注记形式的竖盘，应正确判读视线水平时的常数，对于同一台仪器而言，盘左盘右的常数差为 180°。

目前国内生产的电子经纬仪可以改变竖盘注记形式，根据人们的操作习惯，电子经纬仪默认的竖盘注记形式为顺时针注记形式。

2) 观测

(1) 盘左位置，使十字丝中的横丝与目标 A 相切，调节竖盘指标水准管微动螺旋，使竖盘指标水准管气泡居中(电子经纬仪不需要这一步，对中整平后可直接读数)，读取竖盘读数 L_{A}。

(2) 盘右位置，倒转望远镜成盘右位置，用十字丝中的横丝瞄准目标 A 的同一位置，使竖盘指标水准管气泡居中，读取竖盘读数 R_{A}。

(3) 记录与计算。

计算竖盘指标差和竖直角，竖盘指标差的计算公式为

$$X = \frac{1}{2}[(R + L) - 360^{\circ}] = \frac{1}{2}(\alpha_{\mathrm{R}} - \alpha_{\mathrm{L}}) \tag{2-9}$$

竖直角的计算公式为

$$\alpha = \frac{1}{2}[(R - L) - 180^{\circ}] = \frac{1}{2}(\alpha_{\mathrm{R}} + \alpha_{\mathrm{L}}) \tag{2-10}$$

竖直角的计算公式说明仪器即使存在指标差，通过盘左、盘右竖直角取平均值也可以消除其影响，获得正确的竖直角。

对同一台仪器，竖盘指标差在同一时间段内的变化应该很少，规范规定了指标差变化的容许范围，如果超限，则应重测。表 2-14 所示为《工程测量标准》中的竖直角观测技术要求。

(4) 以同样的方法观测 OB 的竖直角。

(5) 小组内每人应至少观测一个完整测回，将观测数据和计算成果整理至竖直角观测记录表中。

表 2-14　竖直角观测技术要求

控制等级	仪器精度等级	测回数	指标差较差/(″)	测回较差/(″)
四等	DJ2	2	7	7
五等	DJ2	2	10	10
图根控制	DJ6	2	25	25

2．垂直度观测

(1) 在建筑物旁选择合适的位置安置仪器，对中且整平。

(2) 进行目镜调焦与物镜调焦，粗略瞄准建筑物目标后进行视差消除，精确瞄准目标。

(3) 盘左位置，用望远镜竖丝瞄准所测建筑物边缘的顶部，从水平方向进行制动，望远镜向下俯射到建筑物底部，量取偏差值并计算偏差度，将结果记录到对应的表格中。

(4) 盘右位置，重复盘左操作，量取偏差值，计算偏差度并记录。

(5) 小组内每人应至少观测一个完整测回，将观测数据记录到垂直度观测记录表中，整理并计算出最终的成果。

六、实训注意事项

(1) 每次读数前应使指标水准管气泡居中。

(2) 计算竖直角和指标差时，应注意正、负号。

(3) 观测过程中，对同一目标应用十字丝的横丝切准同一部位。

(4) 如不知道建筑物的总高，也可以层高为标准进行测量。

(5) 通过观测建筑物竖直角及测站到建筑物的水平距离，利用勾股定理计算建筑物的总高度。

七、实训成果

(1) 竖直角观测记录填写规范如表 2-15 所示。

表 2-15　竖直角观测记录表(样表)

测站	测点	测回	竖盘位置	竖盘读数/(° ′ ″)	半测回竖直角/(° ′ ″)	指标差/(° ′ ″)	一测回竖直角/(° ′ ″)	各测回竖直角/(° ′ ″)
B	A	1	左	78 45 42	+11 14 18	-00 09	+11 14 09	+11 14 14
			右	281 14 00	+11 14 00			
	A	2	左	78 45 36	+11 14 24	-00 06	+11 14 18	
			右	281 14 12	+11 14 12			
	C	1	左	97 25 54	-7 25 54	+00 03	-7 25 51	-7 25 56
			右	262 34 12	-7 25 48			
	C	2	左	97 26 06	-7 26 06	+00 06	-7 26 00	
			右	262 34 06	-7 25 54			

(2) 竖直角观测记录如表 2-16 所示。

表 2-16　竖直角观测记录表

日期：_____　　　天气：_____　　　班级：_____　　　组别：_____

仪器：_____　　　观测者：_____　　　记录者：_____　　　计算者：_____

测站	测点	测回	竖盘位置	竖盘读数 /(° ′ ″)	半测回竖直角 /(° ′ ″)	指标差 /(″)	一测回竖直角 /(° ′ ″)	各测回竖直角 /(° ′ ″)

(3) 垂直度观测记录如表 2-17 所示。

表 2-17 垂直度观测记录表

日期：_____ 天气：_____ 班级：_____ 组别：_____

仪器：_____ 观测者：_____ 记录者：_____ 计算者：_____

测站	测点	竖盘位置	是否有偏差	平均偏差	容许偏差	备注
		左				
		右				
		左				
		右				
		左				
		右				
		左				
		右				

八、实训总结

实训操作结果汇报如表 2-18 所示。

表 2-18 实训操作结果汇报表

实训项目	
本组组员	组长：　　　　组员：
是否完成	
实训分工	
实训心得体会	优点/已完成部分/正确点： 缺点/未完成部分/错误点：
未完成的主要原因	

九、教师评价

实训过程性评价如表 2-19 所示。

表 2-19　实训过程性评价表

学习环节	评 分 细 则	第＿＿＿＿组 姓名＿＿＿＿	
		分值	得分
实训过程及成果	操作动作规范，操作程序正确	20	
	按时完成实训项目	10	
	无仪器或工具损坏，无事故发生	20	
	记录规范，无转抄、涂改、抄袭等	20	
	计算准确，精度符合规定要求	10	
	服从组长安排，能配合其他成员工作	10	
	遵守实训纪律	10	

十、实训练习

1. 写出当竖直度盘逆时针方向注记时，竖直角的计算公式。

2. 竖直指标水准管气泡居中的目的是什么？

实训项目三　全站仪的认识与使用

实训任务 3.1　全站仪的认识与使用

一、实训目标

1. 知识目标

(1) 了解全站仪的构造及各部件的名称和功能。

(2) 了解全站仪的三个基本功能(角度测量、距离测量、坐标测量)。

2. 技能目标

(1) 熟悉全站仪的安置，能用全站仪进行对中、整平、瞄准和读数。

(2) 认识全站仪的构造，能正确说出全站仪各部件的名称和功能。

(3) 能对全站仪显示屏进行操作。

(4) 掌握全站仪的参数设置。

二、实训仪器和工具

全站仪 1 台，反射棱镜 1 个，三脚架 1 副，对中杆 1 根，记录板 1 个，铅笔、计算器(自备)，必要时自备雨伞 1 把。

三、实训内容

(1) 全站仪的构造及各部件功能的认识。

(2) 全站仪的基本操作练习。

(3) 全站仪显示屏的操作练习。

(4) 全站仪对中、整平、瞄准和读数的练习。

四、实训组织

(1) 每实训小组 4～6 人，小组内分工合作，轮流操作，实训安排为 2 学时。

(2) 准备好实训仪器和工具，相关的参考资料和记录表格。

五、实训方法和步骤

1. 熟悉全站仪各部件及功能

全站仪的构造如图 3-1 所示，主要有电源、测角系统、测距系统、数据处理部分、通信接口、存储器、显示屏及键盘等。

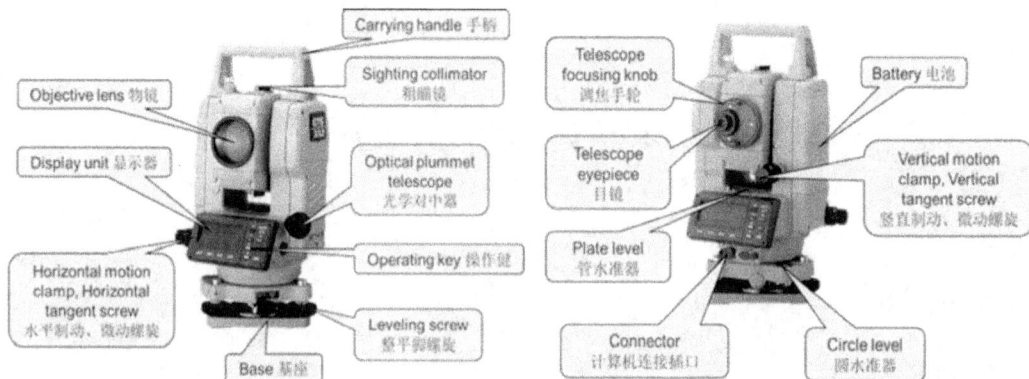

图 3-1　全站仪的构造

全站仪操作界面上的按键及其功能介绍如表 3-1 所示。

表 3-1　全站仪的按键及其功能介绍

按键	键名	功能
	坐标测量键	进入坐标测量模式
	距离测量键	进入距离测量模式
ANG	角度测量键	进入角度测量模式
MENU	菜单键	在菜单模式与其他模式之间切换；在菜单模式下可设置应用程序测量
ESC	退出键	返回上一层菜单
	电源键	开/关全站仪电源
F1 F4	功能键	对应于屏幕下方相关位置显示的功能

显示屏上简写标志的含义如表 3-2 所示。

表 3-2　显示屏上的简写标志介绍

标　志	含　义	标　志	含　义
V	竖直角	E	E 坐标
HR	右水平角	Z	Z 坐标
HL	左水平角	m	单位：米
HD	水平距离	ft	单位：英尺
VD	垂直距离(高差)	fi	单位：英尺与英寸
N	N 坐标	*	电子测距系统在工作

全站仪的角度测量操作界面如图 3-2 所示。"V"为竖盘读数；"HR"为水平角读数。

全站仪的距离测量操作界面如图 3-3 所示。"V"为竖盘读数；"HR"为水平角读数；"HD"为平距(水平距离)；"VD"为高差(垂距)。

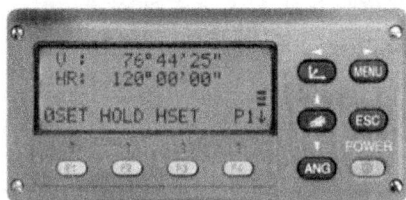

图 3-2　全站仪的角度测量操作界面

图 3-3　全站仪的距离测量操作界面

2. 全站仪的操作步骤

全站仪的安置操作与电子经纬仪的差异不大，下面主要介绍激光对中法，对中与整平步骤如下。

(1) 安置仪器。调整好脚架的高度，让其适合于观测者，将三脚架安置于测站点上，使三脚架头面大致水平。从仪器箱中取出全站仪放置在三脚架上，让全站仪的基座中心对准三脚架的中心，旋紧连接螺旋，然后关上仪器箱。

(2) 粗略对中。全站仪开机，打开仪器的激光对中器，平移脚架让激光对中点对准测站点(固定脚架的一条腿，平移另外两条腿)。

(3) 粗略整平。通过伸缩脚架，使全站仪的圆水准气泡居中。

(4) 精确整平。转动仪器，让管水准器平行于任意两个脚螺旋的连线，转动这两个脚螺旋让管水准器居中(注意：两个脚螺旋一定是同时向里或同时向外旋进或旋出)；然后照准部再转动 90°，让管水准器垂直于两个脚螺旋的连线，调节第三个脚螺旋让管水准器居中，最后转动照准部，检查管水准器是否在任意方向都居中，如果不居中，则需重复前面的操作，直到任意方向都居中。

(5) 精确对中。经过升降脚架和旋转脚螺旋等整平操作后，激光对中点往往就偏离了测站点，这时需要稍微旋松连接螺旋，用双手扶住基座底部，在架头上轻轻移动仪器，使激光对中点再次准确对准测站点。

(6) 检查。检查水准管是否在任意方向水平，看激光是否准确照准测站点；如果没有，则需重复第四步和第五步，直至仪器既对中又整平。

3. 全站仪测角练习

在实训场地中，各小组自由选择彼此相距 20 m 左右的任意三点，分别标为 A、O、B，O 为测站点，A、B 为观测目标。

(1) 在测站点 O 安置全站仪，对中，整平；在目标点 A 和 B 分别安置对中杆和棱镜(对中杆上的圆水准气泡应居中，保证目标整平)。

(2) 打开电源开关(按下 POWER 键)，全站仪初始界面为测角界面，如图 3-4 所示。"V" 为竖盘读数；"HR" 为水平度盘读数。

(3) 水平角置零。盘左状态下，点击"置零"键，设置水平度盘读数为 0°00′00″。

(4) 水平角置盘。盘左状态下，点击"置盘"键，输入水平角值。

图 3-4   全站仪测角界面

(5) 练习全站仪的瞄准和读数，将练习的水平度盘读数和竖直度盘读数填入角度测量练习外业记录表中。

(6) 切换到距离测量模式，在盘左/盘右状态下，瞄准 A 点(一定要用望远镜中心瞄准棱镜中心)，点击"测量"键，读取平距"HD"，以同样的方法测量 OB 的水平距离，将练习的水平距离读数记录到距离测量练习外业记录表中。

4. 水平角、竖直角和水平距离的记录

水平角的记录参考实训任务 2.2 中的表 2-5，竖直角的记录参考实训任务 2.4 中的表 2-15，水平距离记录参考距离测量练习外业记录样表。

六、实训注意事项

(1) 运输仪器时，应采用原装的包装箱运输、搬运。

(2) 近距离将仪器和脚架一起搬动时，应保持仪器竖直向上。

(3) 拔出插头之前应先关机。在测量过程中，若拔出插头，则可能丢失数据。

(4) 换电池前必须关机。

(5) 仪器只能存放在干燥的室内。充电时，周围温度应在 10～30℃。

七、实训成果

(1) 距离测量练习外业记录填写规范如表 3-3 所示。

表 3-3   距离测量练习外业记录表(样表)

测站	测点	一测回水平距离/m			往返观测均值/m
		第 1 次读数	第 2 次读数	平均值	
O	A	32.620	32.622	32.621	32.620
A	O	32.619	32.620	32.620	

(2) 角度填写参考实训任务 2.2 中的表 2-5 和实训任务 2.4 中的表 2-15。

(3) 距离测量练习外业记录如表 3-4 所示。

表 3-4 距离测量练习外业记录表

日期：_____ 天气：_____ 班级：_____ 组别：_____

仪器：_____ 观测者：_____ 记录者：_____ 计算者：_____

测站	测点	一测回水平距离/m		
		第 1 次读数	第 2 次读数	平均值

角度测量练习外业记录如表 3-5 所示。

表 3-5　角度测量练习外业记录表

日期：_____　　天气：_____　　班级：_____　　组别：_____

仪器：_____　　观测者：_____　　记录者：_____　　计算者：_____

测站	竖盘	测点	水平角读数 /(°′″)	半测回水平角 /(°′″)	一测回水平角 /(°′″)	目标	竖盘	竖盘读数 /(°′″)	半测回竖直角 /(°′″)	指标差 /(″)	一测回竖直角 /(°′″)

八、实训总结

实训操作结果汇报如表 3-6 所示。

表 3-6　实训操作结果汇报表

实训项目	
本组组员	组长：　　　　组员：
是否完成	
实训分工	
实训心得体会	优点/已完成部分/正确点： 缺点/未完成部分/错误点：
未完成的主要原因	

九、教师评价

实训过程性评价如表 3-7 所示。

表 3-7　实训过程性评价表

学习环节	评 分 细 则	第_____组 姓名_____	
		分值	得分
实训过程及成果	操作动作规范，操作程序正确	20	
	按时完成实训项目	10	
	无仪器或工具损坏，无事故发生	20	
	记录规范，无转抄、涂改、抄袭等	20	
	计算准确，精度符合规定要求	10	
	服从组长安排，能配合其他成员工作	10	
	遵守实训纪律	10	

十、实训练习

1. 写出全站仪的安置步骤。

2. 全站仪与电子经纬仪的相同点是什么?

实训任务 3.2　全站仪测角和测距

一、实训目标

1. 知识目标
(1) 掌握用全站仪进行单个水平角测量的方法和步骤(测回法)。
(2) 掌握用全站仪测量水平距离的方法。

2. 技能目标
(1) 熟悉用全站仪测量单个水平角度的方法和步骤。
(2) 熟悉用全站仪测量水平距离的方法和步骤。
(3) 进一步熟悉全站仪的测角和测距系统。

二、实训仪器和工具

全站仪 1 台,三脚架 1 副,带支架的对中杆 2 根,棱镜 2 个,记录板 1 个,铅笔、计算器(自备),必要时自备雨伞 1 把。

三、实训内容

(1) 练习全站仪角度测量及相关操作。
(2) 练习全站仪距离测量及相关操作。

四、实训组织

(1) 每实训小组 4～6 人，小组内分工合作，轮流操作，实训安排为 2 学时。

(2) 准备好实训仪器和工具，相关的参考资料和记录表格。

五、实训方法和步骤

在实训场地中，各小组自由选择彼此相距 20 m 左右的任意三点，分别标为 A、O、B，O 为测站点，A、B 为观测目标。

1. 全站仪观测水平角

(1) 在测站点 O 安置全站仪，对中，整平，在目标点 A 和 B 分别安置带支架的对中杆和棱镜(保证对中杆的上圆水准气泡居中，目标整平)，将仪器调整至角度测量界面。

(2) 盘左状态下，瞄准左目标 A，点击"置零"键，将左目标水平读数置零，读取水平度盘读数 a_L，松开水平制动螺旋和望远镜制动螺旋，顺时针方向转动照准部，瞄准右目标 B，读取水平度盘读数 b_L；松开水平制动螺旋和望远镜制动螺旋，倒转望远镜，使之变成盘右位置，瞄准右目标 B，读取水平度盘读数 b_R，逆时针转动照准部，瞄准左目标 A，读取水平度盘读数 a_R。

(3) 计算水平角，并将成果记录在表中。

(4) 对 OA、OB 方向构成的水平角多做几个测回，熟练掌握全站仪测角系统。

2. 全站仪观测水平距离

(1) 在测站点 O 安置全站仪，对中，整平，在目标点 A 安置带支架的对中杆和棱镜(保证对中杆的上圆水准气泡居中，目标整平)，将仪器调整至距离测量(连续测量模式)(确保当前模式为角度显示模式)。

(2) 盘左状态下瞄准目标 A，瞄准棱镜中心，点击"测量"键，仪器便开始测量距离(当电子测距系统 EDM 在工作时，屏幕上会显示"*")，测出盘左状态下的水平距离 D_{OA}；倒转望远镜，盘左变盘右，再次瞄准目标 A，读取盘右状态下 D_{OA} 的值，将观测结果记录在表格中，计算往测水平距离 $D_{往}$。

(3) 交换测站点和目标点，测站点为 A 点，目标点为 O 点。重复步骤(2)，将观测结果记录在表格中，计算返测水平距离 $D_{返}$。

(4) 计算水平距离的均值。

水平距离的均值计算公式为

$$D_{av} = \frac{1}{2}(D_{往} + D_{返}) \tag{3-1}$$

(5) 计算相对误差 K 值。

相对误差 K 值的计算公式为

$$K = \frac{|D_{往} - D_{返}|}{D_{av}} = \frac{1}{\dfrac{D_{av}}{|D_{往} - D_{返}|}} \tag{3-2}$$

若 K 不超过 1/2000，说明数据成果合格。否则应予重测。

以同样的方法测量 OB 的水平距离，并将成果记录在全站仪距离测量外业观测记录表中。

六、实训注意事项

(1) 仪器高度与观测者身高相适应。

(2) 三脚架踩实，仪器与脚架连接牢固。

(3) 操作仪器时，不用手扶三脚架。

(4) 转动照准部和望远镜前，先松制动螺旋。

(5) 使用各种螺旋时，用力应轻。

(6) 记录要清楚，当场计算，发现错误，立即重测。

(7) 气泡偏离中央大于 2 格，应重新整平与对中仪器，重新观测。

七、实训成果

(1) 测回法水平角观测记录填写规范参照实训任务 2.2 中的表 2-5；距离测量样表参见实训任务 3.1 中的表 3-3。

(2) 测回法水平角观测记录如表 3-8 所示。

表 3-8 测回法水平角观测记录表

日期：_____ 天气：_____ 班级：_____ 组别：_____

仪器：_____ 观测者：_____ 记录者：_____ 计算者：_____

测回数	竖盘	测点	水平度盘读数 /(° ′ ″)	半测回角 /(° ′ ″)	一测回角 /(° ′ ″)	各测回平均值 /(° ′ ″)

测回数	竖盘	测点	水平度盘读数 /(° ′ ″)	半测回角 /(° ′ ″)	一测回角 /(° ′ ″)	各测回平均值 /(° ′ ″)

全站仪距离测量外业观测记录如表 3-9 所示。

表 3-9　全站仪距离测量外业观测记录表

日期：_____　　天气：_____　　班级：_____　　组别：_____

仪器：_____　　观测者：_____　　记录者：_____　　计算者：_____

测站	测点	竖盘位置	平距/m	平均值/m	往返测量均值/m
		左			
		右			
		左			
		右			

测站	测点	竖盘位置	平距/m	平均值/m	往返测量均值/m
		左			
		右			
		左			
		右			
		左			
		右			
		左			
		右			
		左			
		右			
		左			
		右			
		左			
		右			
		左			
		右			

八、实训总结

实训操作结果汇报如表 3-10 所示。

表 3-10　实训操作结果汇报表

实训项目	
本组组员	组长：　　　　组员：
是否完成	
实训分工	
实训心得体会	优点/已完成部分/正确点： 缺点/未完成部分/错误点：
未完成的主要原因	

九、教师评价

实训过程性评价如表 3-11 所示。

表 3-11　实训过程性评价表

学习环节	评 分 细 则	第_____组 姓名_____	
		分值	得分
实训过程及成果	操作动作规范，操作程序正确	20	
	按时完成实训项目	10	
	无仪器或工具损坏，无事故发生	20	
	记录规范，无转抄、涂改、抄袭等	20	
	计算准确，精度符合规定要求	10	
	服从组长安排，能配合其他成员工作	10	
	遵守实训纪律	10	

十、实训练习

1. 全站仪水平读数置盘与电子经纬仪有什么不同？

2. 简述全站仪测角模式下的软件功能。

实训任务 3.3　全站仪三角高程测量

一、实训目标

1. 知识目标

(1) 掌握三角高程测量原理。

(2) 掌握三角高程测量的施测方法。

(3) 掌握三角高程测量的计算方法。

2. 技能目标

(1) 熟悉三角高程测量的基本程序及仪器操作步骤。

(2) 熟悉三角高程测量精度的控制方法及注意事项。

二、实训仪器和工具

全站仪 1 台，三脚架 3 副，棱镜 1 个，小钢尺 1 把，通用基座 1 个，记录板 1 个，铅笔、计算器(自备)，必要时自备雨伞 1 把。

三、实训内容

(1) 理解三角高程测量的原理。

(2) 练习全站仪三角高程测量的操作与计算。

四、实训组织

(1) 每实训小组 4～6 人，小组内分工合作，轮流操作，实训安排为 2 学时。

(2) 准备好实训仪器和工具，相关的参考资料和记录表格。

五、实训方法和步骤

1. 全站仪三角高程测量原理

全站仪三角高程测量原理如图 3-5 所示，控制点 A 的高程 H_A 已知，在 A 点安置全站仪并量取仪器高 i_A，在待定点 B 安置照准觇牌(或棱镜)并量取棱镜高(目标高) v，对 B 点

观测竖直角 α_{AB} 和水平距离 D_{AB}，进而确定待定点 B 的高程 H_B 的方法称为全站仪三角高程测量。

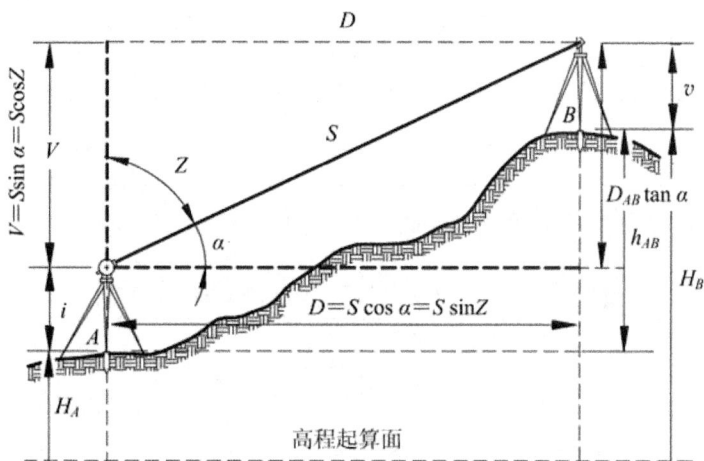

图 3-5　全站仪三角高程测量原理

根据近距离测定的倾斜距离(斜距)S，计算水平距离 D。计算垂直距离 V 和高差 h 时，由于两点的距离较近，地球曲率对平距和高差的影响微小，可以将"距离三角形"(斜距、平距、垂距构成的三角形)作为直角三角形处理；高程起算面和通过 A、B 两点的水准面可以作为水平面处理，通过 A、B 两点的铅垂线可以认为是平行的。此时三角高程测量的高差计算公式如下：

$$h_{AB} = D_{AB} \cdot \tan\alpha_{AB} + i_A - v \tag{3-3}$$

当 A 点高程 H_A 已知时，对 H_A 与直、返觇之高差均值 $h_{AB均}$ 求和，即得 B 点高程 H_B。

$$H_B = H_A + h_{AB} \tag{3-4}$$

2. 讲解对向观测相关知识内容

如图 3-5 所示，以 A 为主站，B 为辅站的竖直角 α_{AB} 及水平距离 D_{AB}，称为直觇；反之，以 B 为主站，A 为辅站进行观测，则称为返觇，直觇属于单向观测，加上返觇便构成了对向观测。单向观测高差中须加入球气差改正。对向观测中，取直觇、返觇高差均值之后，球气差改正的影响将大大削弱，从而提高结果精度。对向观测直觇、返觇之高差均值

$$h_{AB均} = \frac{D_{AB} \cdot \tan\alpha_{AB} - D_{BA} \cdot \tan\alpha_{BA} + i_A - i_B - v_B + v_A + f_{AB} - f_{BA}}{2} \tag{3-5}$$

3. 全站仪三角高程测量技术要求与标准

全站仪三角高程测量过程中，必须遵守相关技术要求。《工程测量标准》(GB 50026—2020)对全站仪三角高程测量的主要技术要求如表 3-12 所示。全站仪三角高程测量的测站观测技术要求如表 3-13 所示。

表 3-12　全站仪三角高程测量的主要质量技术要求

高程等级	每千米高差全中误差/mm	线路长度/km	边长/km	观测方式	对向观测高差较差/mm	闭合差/mm
四等	10	≤16	≤1	对向	$\pm40\sqrt{D}$	$\pm20\sqrt{\sum D}$
五等	15	—	≤1	对向	$\pm60\sqrt{D}$	$\pm30\sqrt{\sum D}$

注：D 为测距边的长度，单位为 km。

表 3-13　全站仪三角高程测站观测的技术要求

高程等级	竖直角观测				边长测量	
	仪器等级	测回数	指标差较差/(")	测回较差/(")	仪器等级	观测次数
四等	2″级	3	≤7	≤7	10 mm	往返 1 次
五等	2″级	2	≤10	≤10	10 mm	往返 1 次

4. 单个三角高程测量的具体步骤

在实训场地内选择一个已知高程点 A 和一个待测点 B，使用全站仪三角高程测量的方法得到 B 点的高程，具体方法如下：

(1) 在测站点 A 上安置全站仪，对中，整平，并量取仪器高；在 B 点上安置反光棱镜，量取目标高。

(2) 瞄准反光棱镜，读取竖直角和水平距离，计算往测高差 h_{AB}：

$$h_{AB} = D_{AB}\tan\alpha_{AB} + i_A - v \tag{3-6}$$

(3) 返觇测量 BA 的高差。将全站仪安置在 B 点，量取仪器高，反光棱镜安置在 A 点，量取目标高。重复步骤(2)，得到返测高差 h_{BA}。

(4) 完成三角高程测量外业记录表的记录计算工作，并将成果整理至全站仪三角高程测量计算表中。

六、实训注意事项

(1) 注意仪器的标称精度是否满足规范要求。

(2) 注意返测时是否重新设置了仪器的温度和气压值。

七、实训成果

(1) 全站仪三角高程测量计算填写规范如表 3-14 所示。

表 3-14　全站仪三角高程测量计算表(样表)

起算点	A			
待定点	B			
往返测	往	返	往	返
水平距离 D_{AB}/m	286.36	286.36		
竖直角 α	+10°32′26″	−9°58′41″		
仪器高 i/m	+1.52	+1.48		
觇标高 v/m	−2.76	−3.20		
$D\tan\alpha$/m	+53.28	−53.30		
单向高差 h/m	+52.04	−52.10		
对向观测的高差较差/m	−0.06			
高差较差容许值/m	0.11			
往返平均高差 $\bar{h}$/m	+52.07			
起算点高程/m	105.72			
所求点高程/m	157.79			

(2) 全站仪三角高程测量计算如表 3-15 所示。

表 3-15　全站仪三角高程测量计算表

日期：_____　　天气：_____　　班级：_____　　组别：_____

仪器：_____　　观测者：_____　　记录者：_____　　计算者：_____

起算点	A			
待定点	B			
往返测	往	返	往	返
水平距离 D_{AB}/m				
竖直角 α				
仪器高 i/m				
觇标高 v/m				
$D\tan\alpha$/m				
单向高差 h/m				
对向观测的高差较差/m				
高差较差容许值/m				
往返平均高差 $\bar{h}$/m				
起算点高程/m				
所求点高程/m				

八、实训总结

实训操作结果汇报如表 3-16 所示。

表 3-16　实训操作结果汇报表

实训项目	
本组组员	组长：　　　　组员：
是否完成	
实训分工	
实训心得体会	优点/已完成部分/正确点： 缺点/未完成部分/错误点：
未完成的主要原因	

九、教师评价

实训过程性评价如表 3-17 所示。

表 3-17　实训过程性评价表

学习环节	评 分 细 则	第＿＿＿＿组 姓名＿＿＿＿	
		分值	得分
实训过程及成果	操作动作规范，操作程序正确	20	
	按时完成实训项目	10	
	无仪器或工具损坏，无事故发生	20	
	记录规范，无转抄、涂改、抄袭等	20	
	计算准确，精度符合规定要求	10	
	服从组长安排，能配合其他成员工作	10	
	遵守实训纪律	10	

十、实训练习

1. 简述三角高程测量的原理。

2. 全站仪距离测量中的垂距指的是什么？

实训任务 3.4　全站仪坐标测量

一、实训目标

1. 知识目标

(1) 掌握全站仪坐标测量的施测方法。

(2) 掌握全站仪坐标测量的基本原理。

2. 技能目标

(1) 熟练全站仪坐标测量的基本程序及仪器操作步骤。

(2) 熟练全站仪坐标测量精度的控制方法及注意事项。

二、实训仪器和工具

全站仪 1 台，三脚架 1 个，棱镜 2 个，对中杆 2 个，小钢尺 1 把，记录板 1 个，铅笔、计算器(自备)，必要时自备雨伞 1 把。

三、实训内容

(1) 理解全站仪坐标测量的基础知识。

(2) 练习全站仪的坐标测量，熟悉全站仪的坐标测量系统。

四、实训组织

(1) 每实训小组 4～6 人，小组内分工合作，轮流操作，实训安排为 2 学时。

(2) 准备好实训仪器和工具，相关的参考资料和记录表格。

五、实训方法和步骤

1. 全站仪坐标测量基础知识

全站仪坐标测量，是通过在地面上的已知控制点进行设站，另外的已知点进行定向，确定全站仪坐标系与地面坐标系一致。全站仪坐标测量需要 2 个或 2 个以上的已知点。

2. 全站仪测量的工作程序

以华测 CTS-112R4Pro 全站仪为例，坐标测量的工作程序如表 3-18 所示。

表 3-18　华测 CTS-112R4Pro 全站仪坐标测量的工作程序

工作程序	操 作 步 骤
安置仪器	在测站点(控制点)上安置全站仪，包括对中、整平和量取仪器高。 开机仪器常数设置：棱镜加常数为 −30 mm(第一次设置后，下次可以不用设置)； 气象参数设置：如实测气压和温度，照实输入
新建文件	进入"菜单"→"数据采集"→"选择文件"→"输入文件名"； 也可以采用快速坐标测量模式，开机后，按 CORD 键进入坐标测量模式
测站设置	① 进入"数据采集"选项→"设置测站点"； ② 根据提示输入测站点点名，输入测站点坐标 N(X)、E(Y)、Z(H)和仪器高，按回车"ENT"键进入下一项； ③ 按回车"ENT"键进入下一项，显示"是否继续设置后视"，选择"是"，进行后视设置
后视定向	① 根据提示输入后视点点名，输入后视点坐标 N(X)、E(Y)、Z(H)，按回车"ENT"键进入下一项； ② 输入完后视点坐标后，提示"是否照准后视"，精确照准后视点的棱镜，然后选择"是"，提示"是否进行后视检查"，选择"是"，输入棱镜高，按"确认"键，进行检核； ③ 验核后再按"确认"键，然后选择"测量点"进行坐标测量
坐标测量	① 输入待测点点号，全站仪照准待测点上竖立的棱镜，按"确认"键，测量、记录待测点的坐标； ② 选择下一个待测点，选择"同前"，可以循环进行； ③ 本站将所有需要待测的点全部测量完成后，在控制点上检测，合格后仪器关机
数据传输	① 采用数据通信线传输：用数据通信线将全站仪和电脑连接(COM 接口或 USB 接口)，打开全站仪"存储管理"菜单，选择"数据传输"，进入"数据传输"界面，选择"发送数据"，可以传输测量数据、坐标数据、编码数据和已知点数据，应先在电脑上启动传输软件接收数据，再启动仪器发送数据； ② 采用蓝牙进行数据传输：利用配置蓝牙的设备，手机或电脑，使其与全站仪"配对"，在"为你的设备输入密码"对话框输入配对密码"0000"，进行配对，配对成功后即可进行数据传输

全站仪显示屏幕上各种符号所代表的含义如表 3-19 所示。

表 3-19　显示屏幕上各种符号所代表的含义

符　号	含　义
V	竖直角(坡度显示)
HR	水平角(右角)
HL	水平角(左角)
HD	水平距离
VD	高差
SD	倾斜距离
N	北向坐标
E	东向坐标
Z	高程
*	电子测距正在进行
M	以米为单位
f	以英尺为单位

3. 全站仪坐标测量的操作步骤

在开阔的实训场地选择互相通视的已知坐标点 A 和 B(坐标由实训教师提供)，使用已知两点进行未知点坐标的测量，具体方法如下：

(1) 以 A 为测站点，在 A 点安置全站仪，对中，整平。以 B 点作为后视点，安置对中杆和反光棱镜(保证对中杆的圆水准气泡居中，目标整平)。

(2) 设置测站：输入测站点的名称、三维坐标信息。

(3) 后视定向：输入后视点的名称、三维坐标信息，照准 B 点的反光棱镜，进行后视定向，再次复测后视点 B 的三维坐标，检查精度是否超限。

(4) 全站仪三维坐标测量。立尺者将反光棱镜竖直立在待测坐标点上，观测者瞄准反光棱镜，进行坐标数据采集，并将成果记录至全站仪坐标测量记录表中。

(5) 将小组各同学观测得到的坐标数据进行比对，计算互差，要求不得超过 ±6 mm。

六、实训注意事项

(1) 是否进行了后视检查，且精度符合要求。

(2) 检查已知坐标数据是否正确。

(3) 后视定向精度符合要求才能进行待测点坐标采集。

七、实训成果

(1) 全站仪坐标测量记录填写规范如表 3-20 所示。

表 3-20   全站仪坐标测量记录表(样表)

仪器型号：<u>XXXXXXX</u>   仪器高：<u>1.53</u>   棱镜高：<u>1.810</u>

测站点：$X =$ <u>33445.441</u> $Y =$ <u>1996.432</u> $H =$ <u>500.098</u>

定向点：$X =$ <u>3320.905</u> $Y =$ <u>2000.416</u>

序号	测点	坐标/m			备注(点位、类型等)
		N(X)	E(Y)	Z(H)	
1	T1	3367.177	2048.188	501.144	道路拐点
2	T2	3349.092	2015.339	501.045	绿化拐点
3	T3	3340.265	1978.011	499.005	雨水井盖
4	T4	3358.902	1979.504	501.063	污水篦子
5					
6					

(2) 全站仪坐标测量记录如表 3-21 所示。

表 3-21   全站仪坐标测量记录表

日期：_____   天气：_____   班级：_____   组别：_____

仪器：_____   观测者：_____   记录者：_____   计算者：_____

仪器型号：_____   仪器高：_____   棱镜高：_____

测站点：$X =$ _____ $Y =$ _____ $H =$ _____

定向点：$X =$ _____ $Y =$ _____

序号	测点	坐标/m			备注(点位、类型等)
		N(X)	E(Y)	Z(H)	
1					
2					
3					
4					
5					
6					
7					
8					
9					
10					

序号	测点	坐标/m			备注(点位、类型等)
		N(*X*)	E(*Y*)	Z(*H*)	
11					
12					
13					
14					
15					
16					
17					
18					
19					
20					

八、实训总结

实训操作结果汇报如表 3-22 所示。

表 3-22　实训操作结果汇报表

实训项目	
本组组员	组长：　　　　　组员：
是否完成	
实训分工	
实训心得体会	优点/已完成部分/正确点： 缺点/未完成部分/错误点：
未完成的主要原因	

九、教师评价

实训过程性评价如表 3-23 所示。

表 3-23   实训过程性评价表

学习环节	评 分 细 则	第＿＿＿组 姓名＿＿＿	
		分值	得分
实训过程及成果	操作动作规范，操作程序正确	20	
	按时完成实训项目	10	
	无仪器或工具损坏，无事故发生	20	
	记录规范，无转抄、涂改、抄袭等	20	
	计算准确，精度符合规定要求	10	
	服从组长安排，能配合其他成员工作	10	
	遵守实训纪律	10	

十、实训练习

1. 简述全站仪极坐标法定位的原理。

2. 若有 3 个已知点，坐标测量可增加哪一步？

实训项目四　GNSS 的认识与使用

实训任务 4.1　GNSS 静态测量的认识与使用

一、实训目标

1. 知识目标

(1) 熟练掌握 GNSS 接收机静态数据采集的使用方法。

(2) 了解 GNSS 静态控制网的布设特点并尝试设计 GNSS 布网方案。

(3) 掌握 GNSS 作业计划的制定，熟悉 GPS 静态定位外业的全过程。

(4) 掌握 GNSS 静态数据处理的基本知识。

2. 技能目标

(1) 掌握 GNSS 接收机静态数据采集的基本操作方法。

(2) 掌握 GNSS 静态定位外业工作的基本过程。

(3) 掌握 GNSS 静态数据内业处理的基本流程及相关技术要求。

二、实训仪器和工具

GNSS 接收机 1 台，盒尺 1 个(用于量取天线高度)，三脚架 1 副，记录板 1 个，铅笔、计算器(自备)，必要时自备测伞 1 把。

三、实训内容

(1) GNSS 接收机的安装及静态数据采集的基本操作方法。

(2) 了解 GNSS 接收机工作时的基本状态信息。

四、实训组织

(1) 每实训小组 4~6 人，小组内分工合作，轮流操作，实训安排为 2 学时。

(2) 准备好实训仪器和工具，相关的参考资料和记录表格。

五、实训方法和步骤

1. 静态测量操作流程

手簿和接收机同时开机，并进行蓝牙连接。在手簿上打开 LandStar7 软件，选择"静态设置"选项(见图 4-1(a))；双击打开以后在静态设置界面(见图 4-1(b))，按照观测要求设置静态数据观测的存储格式、采样间隔、高度截止角、记录时段、测站名称以及天线高等项。设置完成后点击"设置"选项，此时接收机的静态数据采集模式便设置成功。

(a)　　　　　(b)

图 4-1　GNSS 静态设置

静态测量操作说明如下：

【数据自动记录】选择"是"开启静态，否则关闭静态。

【存储格式】华测自定义格式 HCN 及 RINEX 可选。

【数据自动记录】选择"是"重启接收机搜星正常后自动记录静态；选择"否"，重启接收机后结束静态记录。

【记录时段】默认 1440 分，可自定义修改。

【采样间隔】即静态数据采样间隔：5 Hz/2 Hz/1 Hz/2 s/5 s/15 s 等，按设定时间记录静态。

【高度截止角】屏蔽遮挡物所设定的高度角低于此视角的卫星不予跟踪，默认 10。

【天线高】可选择斜高、相位中心和垂高。

垂高：测量到仪器外壳底部，使用对中杆时选择，高度为对中杆高度。

斜高：测量到仪器静态测量刻度处，一般是架设在脚架上时使用。

【RINEX 存储】可存储 RINEX 格式的数据，选择要存储的 RINEX 格式版本，目前支持 2.11 和 3.02 版本。

【压缩 RINEX 数据】RINEX 数据量过大，开启之后会自动压缩。就是把数据进行压缩，减少文件存储的占用空间。

设置完成之后点击设置，软件会提示"设置成功！"，接收机开始记录静态数据。

2. 任务安排

根据测区情况，在测区场地布设 8 个 GNSS 控制点，要求符合 GNSS 选点要求，绘制 GNSS 控制网网图，各组协同制定各自的外业工作调度表。

利用 GNSS 静态相对定位模式实测 1 个 E 级网，要求采用 3 台 GNSS 接收机按边连式实测，观测时间根据 E 级网等级而定(每 3 个组完成 1 个 E 级 GNSS 网外业观测)。

3. GNSS 静态数据处理

GNSS 静态数据处理的基本流程如图 4-2 所示，主要分为：数据传输—数据预处理—基线解算—三维无约束平差—二维约束平差等。

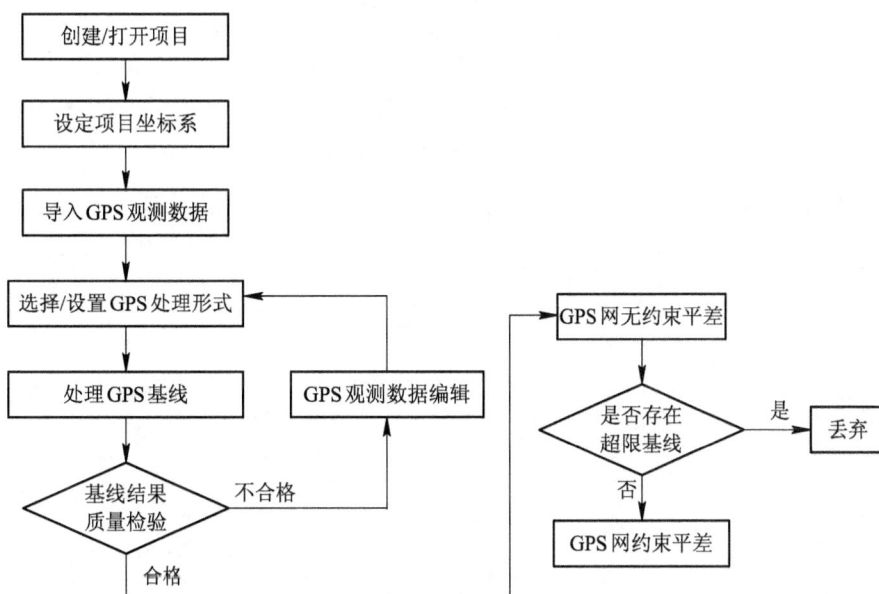

图 4-2　GNSS 静态数据处理流程

1) GNSS 基线解算

GNSS 基线解算就是将 GNSS 观测值通过数据处理得到测站的坐标或测站间的基线向量值。

(1) 基线设置。点击菜单【GNSS】→【(基线)配置】，弹出基线处理设置对话框，将常用设置、大气模型、高级 3 个属性页中的参数值按图 4-3、图 4-4、图 4-5 所示进行修改，其他属性为默认。

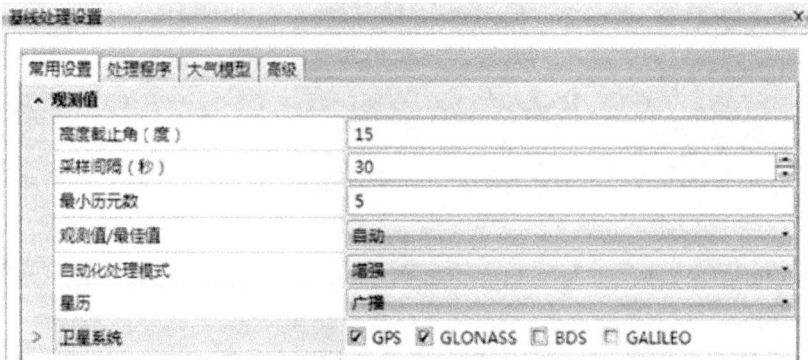

图 4-3　常用设置属性页

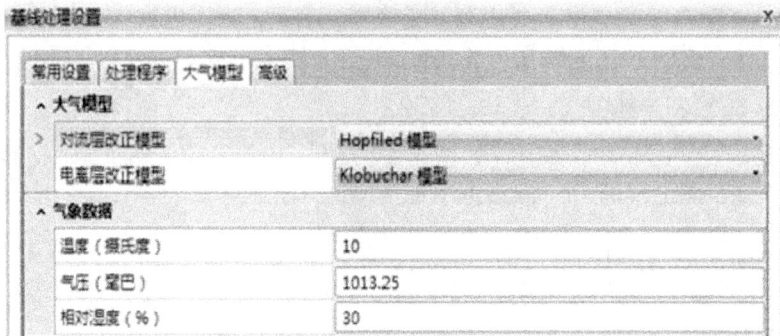

图 4-4　大气模型设置属性页

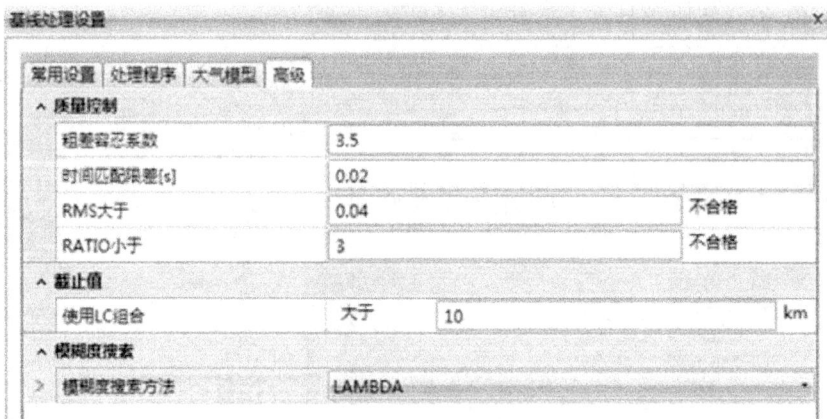

图 4-5　高级设置属性页

说明： 目前 GNSS 接收机可以同时接收 GPS/LONASS/BDS 卫星观测信号，不过基线解算时并不是全部选择，也可以只选择一个卫星类型，需要试算后进行基线质量比较。

基线设置完成后就可以进行基线解算。为了方便查看每一条基线，双击右侧工作空间的"基线"，中央显示区中显示待解算的基线。

(2) 基线解算。点【GNSS】→【基线解算】，程序开始执行基线解算，界面如图 4-6 所示。

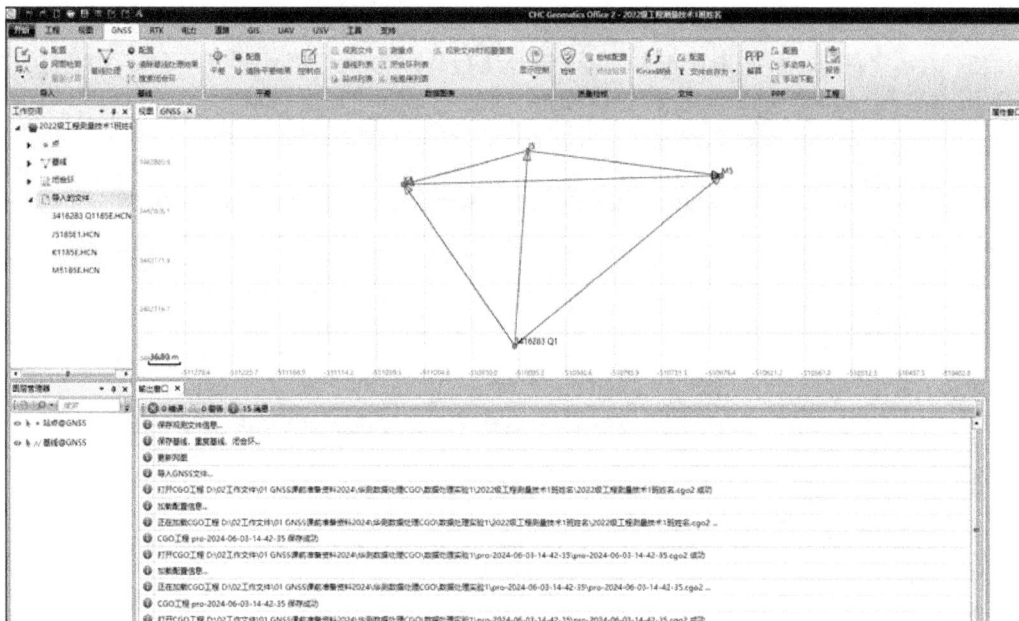

图 4-6 基线解算界面

说明： 基线解算完成后，需要检查基线是否合格。通常来说，观测过程中由于各种因素的影响，基线可能不合格，这时需要借助基线残差序列的帮助，残差序列如图 4-7 所示。

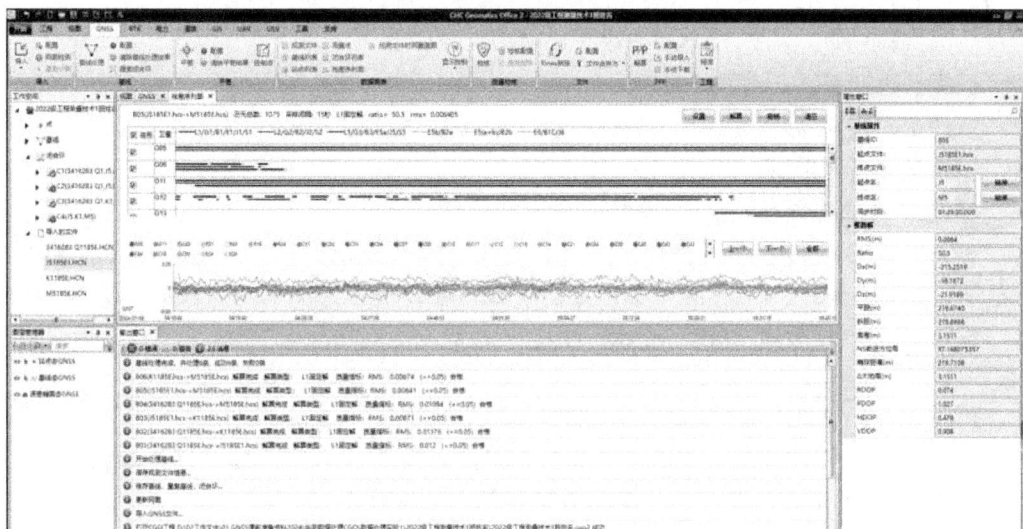

图 4-7 基线残差序列

(3) 选中不合格基线，按鼠标右键点"残差序列图"，然后分析残差的大小，对每个卫星观测数据进行必要的删除，并适当调整高度角、采样间隔、观测值类型等参数后重新解算。

(4) 基线闭合差计算与检验。基线解算合格后还需要进一步检查复测基线、基线同步环和异步环是否都合格，如果不合格的话仍然需要调整策略对基线重新进行解算，直到合格为止。这部分内容需要掌握很多技术，是 GPS 网平差的难点，需要通过大量的计算找出规律。

(5) 点击【GNSS】→【报告】,选择闭合环报告,以网页格式弹出环闭合差报告,如图 4-8 所示。从环闭合差报告可以查询详细信息。

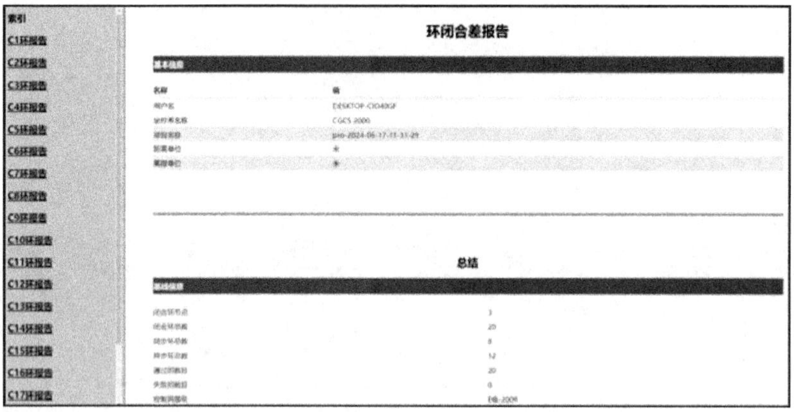

图 4-8　环闭合差报告

基本信息输入:点坐标系统,选择坐标系名称,选择投影方法。

2) GNSS 网平差

(1) GNSS 网平差的过程。

在使用数据处理软件进行 GNSS 网平差时需要按照如下步骤来进行:

① 取基线向量,构建 GNSS 基线向量网;

② 无约束平差;

③ 约束平差/联合平差;

④ 质量分析与控制。

(2) 量取天线高填写外业记录表。

① 按实验要求,将老师提供的数据或是静态测量试验的数据,上传至 GPS 网络教室网站 GPS 数据下载区。(数据上传工作由管理 GPS 网络教室网站的实验教师完成)

② 从 GPS 网络教室"GPS 数据下载区"下载相关数据;从"软件下载区"下载 GPS 基线解算、网平差软件。

③ 在本地计算机上安装 GPS 基线解算、网平差软件。

④ 利用 GPS 网络教室中"GPS 数据处理"栏提供的方法进行 GPS 基线解算。

⑤ GPS 基线处理完成后,进行 GPS 三维网、二维网平差。

⑥ 三维网、二维网平差完成后,将平差结果及平差总结报告以文本文件形式输出。

⑦ 打印平差结果及平差总结报告。

六、实训注意事项

(1) 在外业观测期间要注意确保正确上点,当对所在点位发生疑惑时,应尽快与有关人员联系确认。

(2) 对中、整平、量高要仔细,天线高应在观测开始前和观测结果结束后各量测一次，最好是由不同的人员进行量测。

(3) 注意保证备用电源的供应。

(4) 注重检查电缆是否存在接触不良的情况。

(5) 注意及时将观测数据进行备份，防止在测量结束后误删数据。

七、实训成果

(1) GNSS 点之记如表 4-1 所示。

表 4-1　GNSS 点之记

日期：_____　　　记录者：_____　　　绘图者：_____　　　校对者：_____

点名及种类	GNSS 点	名		土　质		
		号				
	相邻点(名、号、通视与否)			标石说明(单、双层、型)旧点		
				旧点名		
	所在地					
	交通路线					
	所在图幅号			概略位置	X	Y
					L	B
(略图)						
备注						

(2) GNSS 外业观测手簿如表 4-2 所示。

表 4-2　GNSS 外业观测手簿

工程 GNSS 外业观测手簿

观测者姓名：＿＿＿＿＿＿＿＿＿　　　日　期：＿＿＿年＿＿＿月＿＿＿日
测站名：＿＿＿＿＿＿＿＿＿＿　　测站号：＿＿＿＿＿＿＿＿＿＿　　时段号：＿＿＿＿＿＿
天气状况：＿＿＿＿＿＿＿＿＿＿

测站近似坐标： 经度：E＿＿＿＿＿°＿＿＿＿＿′ 纬度：N＿＿＿＿＿°＿＿＿＿＿′ 高程：＿＿＿＿＿＿＿＿＿	本测站为： □＿＿＿＿＿新点 □＿＿＿＿＿等大地点 □＿＿＿＿＿等水准点 □＿＿＿＿＿＿＿＿

记录时间：□ 北京时间 □ UTC　　□ 区时
开始时间：＿＿＿＿＿＿＿＿＿＿　　结束时间：＿＿＿＿＿＿＿＿＿

接收机号＿＿＿＿＿＿＿＿　　天线号＿＿＿＿＿＿＿＿＿
天线高/m：1. ＿＿＿＿　2. ＿＿＿＿　3. ＿＿＿＿　平均值＿＿＿＿＿＿＿
测后校核值＿＿＿＿＿＿＿＿＿

天线高量取方式略图	测站略图及障碍物情况

观测状况记录

1. 电池电压＿＿＿＿＿＿＿＿＿(块、条)

2. 接收卫星号＿＿＿＿＿＿＿＿＿＿＿＿＿＿＿＿＿.

3. 信噪比(SNR)＿＿＿＿＿＿＿＿＿＿＿＿＿＿＿.

4. 故障情况＿＿＿＿＿＿＿＿＿＿＿＿＿＿＿＿.

5. 备注：

(3) GNSS 作业调度表如表 4-3 所示。

表 4-3　GNSS 作业调度表

时段编号	观测时间	测站名	测站名	测站名	测站名	GNSS 网略图
		机器号	机器号	机器号	机器号	
0						
1						
2						
3						
4						
5						

八、实训总结

实训操作结果汇报如表 4-4 所示。

表 4-4　实训操作结果汇报表

实训项目	
本组组员	组长：　　　　组员：
是否完成	
实训分工	
实训心得体会	优点/已完成部分/正确点： 缺点/未完成部分/错误点：
未完成的主要原因	

九、教师评价

实训过程性评价如表 4-5 所示。

表 4-5　实训过程性评价表

学习环节	评 分 细 则	第_____组 姓名_____	
		分值	得分
实训过程及成果	操作动作规范，操作程序正确	20	
	按时完成实训项目	10	
	无仪器或工具损坏，无事故发生	20	
	记录规范，无转抄、涂改、抄袭等	20	
	计算准确，精度符合规定要求	10	
	服从组长安排，能配合其他成员工作	10	
	遵守实训纪律	10	

十、实训练习

1. 根据国家标准《全球定位系统(GPS)测量规范》(GB/T18314—2009)规定，在进行选点作业时需尽可能满足哪些基本要求？

2. 简述静态数据处理的基本流程有哪些？

实训任务 4.2　GNSS-RTK 的认识与使用

一、实训目标

1. 知识目标

(1) 熟练掌握 GNSS-RTK 测量模式下的测量工作内容。

(2) 了解 GNSS-RTK 测量的基本要求及操作技术。

2. 技能目标

(1) 掌握 GNSS-RTK 接收机基本设置流程。

(2) 掌握 GNSS-RTK 外业工作的基本内容。

二、实训仪器和工具

GNSS 接收机 1 台，记录板 1 个，铅笔、计算器(自备)，必要时自备雨伞 1 把。

三、实训内容

(1) 熟悉 GNSS-RTK 模式的基本设置，并能够独立正确完成仪器模式设置。

(2) 熟悉 GNSS-RTK 模式下工程开始前的准备工作内容。

(3) 利用 GNSS-RTK 模式完成指定的任务内容。

四、实训组织

(1) 每实训小组 4～6 人，小组内分工合作，轮流操作，实训安排为 2 学时。

(2) 准备好实训仪器和工具，相关的参考资料和记录表格。

五、实训方法和步骤

1. GNSS-RTK 仪器基本操作

(1) 仪器架设。

主机开机，将手簿背面 NFC 区域贴近接收机 NFC 处，LandStar7 软件会自动打开。当听到"滴"的声音时，代表手簿已连接上主机，随后 LandStar7 软件会提示"已成功连接到接收机"(当然也可以在 LandStar7 内选择连接操作连接到接收机天线)。

(2) 模式设置。

GNSS-RTK 目前的工作模式主要有基站双发＋移动站双收模式和 CORS 模式两种。

基站双发＋移动站双收模式的设置过程如下：

① 基站双发设置如图 4-9 所示：手簿连接基站，点击【基站设置】，选择【智能启动】，点击【一键启动】。

② 移动站双收设置如图 4-10 所示：手簿连接移动站，点击【移动站设置】，输入【基站 SN 号】，点击【启动】。

图 4-9　基站双发设置

图 4-10　移动站双收设置

CORS 模式的设置过程如下：

手簿插上手机卡，连接移动站，点击【移动站设置】，选择【常规设置】，点击【新建】，选择【手簿网络】，选择工作模式，网络协议选 CORS，然后输入 CORS 账号的服务器地址、端口、源列表、用户名和密码。输入完成后点击【保存并应用】即可。图 4-11 所示为 CORS 模式设置。

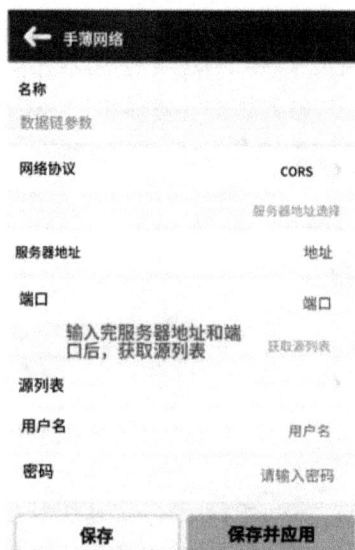

图 4-11　CORS 模式设置

(3) 新建工程。

【项目】界面→【工程管理】→【新建】，输入工程名，选择坐标系统，选择投影模型，点击向下箭头获取当地中央子午线经度，最后点击【接受】即可。

(4) 点校正。

① 录入控制点：【项目】界面→【点管理】→添加控制点，输入点名称和对应的坐标，然后点击【确定】即可，或者现场边校正边录入也可以。

② 采集控制点：打开手簿上的测地通软件，进入【点测量】界面，点击测量图标，采集坐标。

③ 点校正：【项目】界面→【点校正】→高程拟合方法选"TGO"→【添加】→使用方式选择"水平＋垂直"(注意：GNSS 点是采集的控制点坐标，已知点是录入或现场输入的控制点坐标)。依次添加完参与校正的点对，点击【计算】→【应用】→选择"是"，最好选择"4"对控制点进行校正，以保证测量精度。添加点对界面如图 4-12 所示，点校正界面 4-13 所示。

图 4-12　添加点对界面　　　　图 4-13　点校正界面

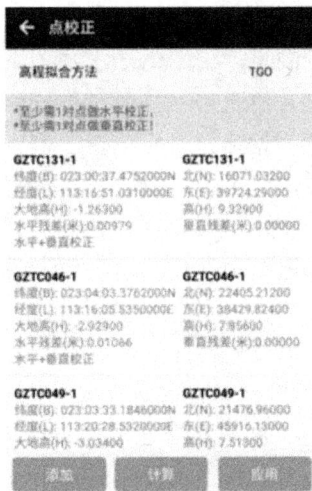

(5) 基站平移。

点击【测量】→【基站平移】，进入基站平移后，在已知点栏内选择"库选"选项，然后在弹出的界面中选择已知点的坐标；点击 GNSS 点栏内的"库选"选项，在弹出的界面中选择刚才在已知点上测量的点坐标(GNSS 初始坐标系统中的坐标)。选择完成后，手簿软件会自动计算出基站平移量，点击"确定"选项。软件提示："是否解平移参数？"选择"是"，平面坐标会发生改变。此处需要注意的是每次基站发生移动或重启，都必须做基站平移操作。

(6) 点测量。

打开【点测量】界面，如图 4-14 所示，点击倾斜测量图标，开启倾斜测量功能。此时会进入初始化界面，按照界面提示步骤进行初始化，初始化成功后倾斜测量界面上图标为绿色，如图 4-15 所示，此时便可开始使用倾斜测量。在测量前输入点名和仪器高后，点击测量图标，采集完成后测量点会自动保存至点管理。

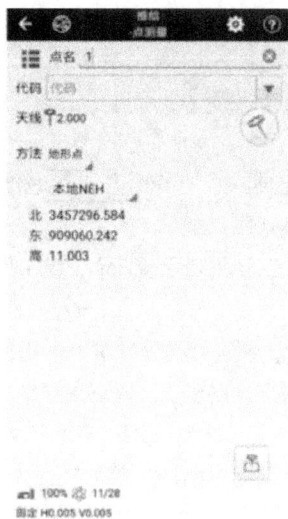

图 4-14　点测量界面

图 4-15　倾斜测量初始化界面

　　需要注意的是，初始化开始时，仪器的杆高与软件中输入的仪器高要一致；当倾斜测量图标变为红色时，界面底部辅助文字显示区会提示"倾斜不可用，需要重新初始化"，此时需要重新初始化；倾斜测量过程中若手簿显示"倾斜不可用"(红字提醒)，则需左右或前后轻微晃动 RTK，直至该提醒消失，即可继续解惯导；若要关闭倾斜测量，可进入【设置】倾斜界面进行操作，点右下角可关闭倾斜测量(当倾斜测量图标为绿色时，点击倾斜测量图标也可关闭倾斜测量功能)。

　　(7) 点放样。

　　打开【点放样】界面，点击左上角的图标，进入点管理界面，在坐标库里选择要放样的点(提前将待放样点输入或导入到坐标库中，也可以现场边放样边输入)，点击右下角的"确定"按钮，所选点即在放样界面中显示，然后进行放样工作即可。点管理界面如图4-16 所示，点放样界面如图 4-17 所示。

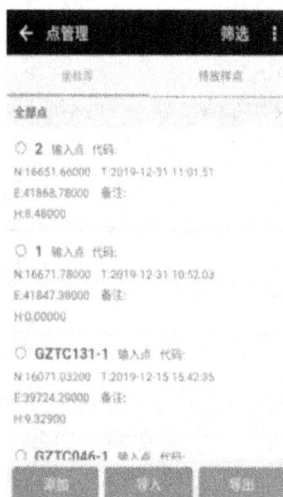

图 4-16　点管理界面

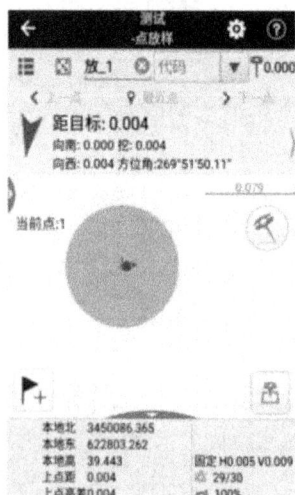

图 4-17　点放样界面

(8) 数据导入。

LandStar7 测地通软件支持导入 *.txt、*.csv、*.dat 等数据格式。

启动 LandStar7 测地通软件，打开工程，点击【导入】，选择需要导入的点文件类型和路径即可。

(9) 成果导出。

LandStar7 测地通软件支持导出 *.txt、*.csv、*.dat、*.dxf 等数据格式。

启动 LandStar7 测地通软件，打开工程，点击【导出】，选择需要导出的点类型、文件类型和存储路径，然后对文件进行命名，最后导出数据即可。

2. GNSS-RTK 测量

(1) GNSS-RTK 数字测图。

① 基准站。基准站要选择地势较高、视野开阔的地点架设，具体视当地测区条件选择，最好架设在测区中间，以便信号能够更好地覆盖，需注意的是基准站只要保持基本水平即可。架设好以后按"Ⅰ"键将主机开机，按电台上的"ON"键将电台开机即可。开机几分钟后，基准站的第一个灯 sta 灯(红灯)每秒闪 1 次，电台上的 TX 灯(红灯)每秒闪 1 次，此时表示基准站正常工作。

② 流动站。流动站测量文件的建立、坐标系统的建立和有关文件的设置。

(2) 点校正。根据两个已知校正点校正。

(3) 测量数据采集。采用草图法测量、RTK 走走停停测量、连续测量地形点。在进行地形点采集时要注意参考《国家基本比例尺地图图式》。

① 地物测绘。

② 地貌测绘。

③ 南方 CASS 成图。

将采集到的数据拷贝到计算机上，根据野外作业时所绘的草图，使用南方 CASS 的绘图命令绘制 1∶500 的数字地形图。

六、实训注意事项

(1) 基准站工作期间，工作人员不能远离，要间隔一定时间检查设备工作状态，对不正常情况及时作出处理。

(2) 基准站除 GPS 设备耗电外，还要为 RTK 电台供电，可采用双电源电池供电，或采用汽车电瓶供电。条件许可时，也可采用 12 V 直流变压器直接同市政电网相连接进行供电。

(3) 在信号受影响的点位，为提高效率，可将仪器移到开阔处或升高天线，待数据链锁定后，再小心无倾斜地移回待定点或放低天线，一般可以初始化成功。

(4) GNSS-RTK 作业期间，基准站不允许下列操作：

① 关机又重新启动；

② 进行自测试；

③ 改变卫星截止高度角或仪器高度值、测站名等；

④ 改变天线位置；

⑤ 关闭文件或删除文件等。

(5) 控制点测量中，接收机天线姿态要尽量保持垂直(流动杆放稳、放直)。若有斜倾度，将会产生很大的点位偏移误差。如当天线高 2 m、倾斜 10° 时，定位精度会有 3.47 cm 的误差。

(6) GNSS-RTK 观测时要保持坐标收敛值小于 5 cm。

(7) GNSS-RTK 作业应尽量在天气良好的状况下作业，尽量避免雷雨天气。夜间作业精度一般会优于白天。

(8) RTK 工作时，参考站可记录静态观测数据；当 RTK 无法作业时，流动站要转化为快速静态或后处理动态作业模式观测，以利后处理。

(9) 在一个连续的观测段中，应对首尾的测量成果进行检验。检验方法如下：

① 在已知点上进行初始化；

② 复测(两次复测之间必须重新进行初始化)。

(10) 注意基准站设置的模式与流动站相互对应，注意点位校正的精度要求及质量控制。搬运主机时，要十分小心。开箱前轻轻放好箱子，让仪器箱的盖子朝上，打开箱子的锁栓。接收机应放在干燥、安全的地方，避免受潮及碰撞。在外业观测期间要注意确保观测点位正确，当对所在点位发生疑惑时，应尽快与有关人员联系确认。

七、实训成果

GNSS-RTK 控制点校正记录如表 4-6 所示。

表 4-6   GNSS-RTK 控制点校正记录表

点号	校正前点位坐标值			校正后检核点坐标值		
	北坐标(N)	东坐标(E)	高程(H)	北坐标(N)	东坐标(E)	高程(H)

八、实训总结

实训操作结果汇报如表 4-7 所示。

表 4-7 实训操作结果汇报表

实训项目	
本组组员	组长: 组员:
是否完成	
实训分工	
实训心得体会	优点/已完成部分/正确点: 缺点/未完成部分/错误点:
未完成的主要原因	

九、教师评价

实训过程性评价如表 4-8 所示。

表 4-8 实训过程性评价表

学习环节	评 分 细 则	第_____组 姓名_____	
		分值	得分
实训过程及成果	操作动作规范,操作程序正确	20	
	按时完成实训项目	10	
	无仪器或工具损坏,无事故发生	20	
	记录规范,无转抄、涂改、抄袭等	20	
	计算准确,精度符合规定要求	10	
	服从组长安排,能配合其他成员工作	10	
	遵守实训纪律	10	

十、实训练习

1. 如何进行点校正？

2. GNSS-RTK 进行作业时，如何选择基准站架设地点？

第二部分

课内综合实训

实训项目五　小地区控制测量

实训任务5.1　平面控制测量

一、实训目标

(1) 掌握平面导线的布设方法、踏勘选点要求等。

(2) 掌握导线测量的外业测量工作的基本施测方法和施测步骤。

(3) 掌握导线测量的内业平差计算的基本内容。

二、实训仪器和工具

电子全站仪 1 台，通用反射棱镜 2 个，对中杆 2 根(带支架)，水泥钉若干，记录板 1 个(自备)，铅笔、计算器(自备)，计算记录表格等(自备)。

三、实训内容

(1) 指导学生在校内指定区域布设一条闭合导线，按照选点原则选点，用水泥钉、油漆作为标志，并统一将点号按逆时针编写。

(2) 根据外业观测数据和已知数据(起算数据)，计算未知导线点的坐标，并进行精度评定。

(3) 小组人员轮流操作，课内学时 4 学时。

四、实训组织

(1) 每实训小组 4～6 人，小组内分工合作，轮流操作，实训安排为 4 学时。

(2) 准备好实训仪器和工具，相关的参考资料和记录表格。

五、实训方法和步骤

1. 选点

根据测区的地形情况选择一定数量的导线点，选点时应遵循下列原则：

(1) 相邻点间要通视，方便测角和量边；

(2) 点位要选择在土质坚实的地方，便于保存点的标志和安置仪器；

(3) 导线点应选择在周围地势开阔的地点，便于测图时充分发挥控制点的作用；

(4) 导线边长要大致相等，使测角的精度均匀；

(5) 导线点的数量要足够，密度要均匀，以便控制整个测区。

导线点选定后，用水泥钉钉在硬质地面上作为标志，并用油漆工整地标明点号，以表示点位。导线点要统一按逆时针编号，并绘制导线线路草图和点之记。

2. 水平角观测

利用测回法观测导线的左角(闭合导线内角)。利用电子全站仪观测一个测回，盘左、盘右测得的角度之差不得大于 ±24″，并取平均值作为最后角度测量结果。

3. 边长测量

导线边长可以用全站仪电磁波测距的方式来进行观测，也可以用钢尺丈量，均要求进行往返测量。用钢尺往返测量的相对误差一般不得超过 1/3000，在特殊地区不得超过 1/1000。用全站仪电磁波测距往返测量时，其相对误差不得超过 1/10 000。

4. 内业计算

(1) 将导线测量外业数据抄入导线坐标计算表格内并进行核对。

(2) 计算导线角度闭合差。导线角度闭合差的计算公式如下：

$$f_{\beta} = \sum \beta_{测} - \sum \beta_{理} = \sum \beta_{测} - (n-2) \times 180° \tag{5-1}$$

对于图根导线，角度闭合差的容许值为

$$f_{\beta容} = \pm 60'' \sqrt{n} \tag{5-2}$$

(3) 角度闭合差的调整。当角度闭合差 $f_{\beta} \leqslant f_{\beta容}$ 时，将角度闭合差以相反的符号平均分配给各角，即给每个角度观测值加上一个改正数 v：

$$v = -\frac{f_{\beta}}{n} \tag{5-3}$$

(4) 坐标方位角的计算。角度闭合差调整后，用改正后的角度 $\alpha_{后}$ 从第一条边的已知方位角开始，依次推算出其他各边的方位角 $\alpha_{前}$。其计算式为

$$\alpha_{前} = \alpha_{后} + \beta_{左} - 180° \tag{5-4(a)}$$

或

$$\alpha_{前} = \alpha_{后} - \beta_{右} + 180° \tag{5-4(b)}$$

(5) 坐标增量的计算。计算出导线各边边长和坐标方位角后，可计算各边的坐标增量：

$$\begin{cases} \Delta x = D\cos\alpha \\ \Delta y = D\sin\alpha \end{cases} \tag{5-5}$$

(6) 坐标增量闭合差的计算。闭合导线的坐标增量闭合差为

$$\begin{cases} f_x = \sum \Delta x_{测} \\ f_y = \sum \Delta y_{测} \end{cases} \tag{5-6}$$

(7) 导线全长绝对闭合差 f 及相对闭合差 K 的计算。导线全长绝对闭合差 f 的大小可用式(5-7)求得，即

$$f = \sqrt{f_x^2 + f_y^2} \tag{5-7}$$

导线相对闭合差为

$$K = \frac{f}{\sum D} = \frac{1}{\sum D / f} \tag{5-8}$$

对于图根导线，K 值应不大于 1/2000。

(8) 坐标增量闭合差改正数的计算。各坐标增量改正值 δ_x、δ_y 可按式(5-9)计算：

$$\begin{aligned} \delta_{x_i} &= -\frac{f_x}{\sum D} D_i \\ \delta_{y_i} &= -\frac{f_y}{\sum D} D_i \end{aligned} \tag{5-9}$$

(9) 坐标计算。导线点的坐标可按式(5-10)依次计算：

$$\begin{cases} x_2 = x_1 + \Delta x_{12改} \\ y_2 = y_1 + \Delta y_{12改} \end{cases} \tag{5-10}$$

六、实训注意事项

(1) 导线按逆时针编号时，左角为导线内角；导线按顺时针编号时，右角为导线内角。
(2) 导线边长应尽量相等，长、短边之比不得大于 3。
(3) 闭合导线坐标计算应坚持步步有检核的原则，以保证计算成果的正确性。

七、实训成果

(1) 导线测量外业记录如表 5-1 所示。

表 5-1　导线测量外业记录表

测站	测回数	竖盘位置	目标	水平度盘读数/(° ′ ″)	半测回角/(° ′ ″)	一测回角/(° ′ ″)	测回平均角/(° ′ ″)

测站	目标	一测回水平距离读数/m			
		第1次读数	第2次读数	平均值	

测站	测回数	竖盘位置	目标	水平度盘读数/(° ′ ″)	半测回角/(° ′ ″)	一测回角/(° ′ ″)	测回平均角/(° ′ ″)

测站	目标	一测回水平距离读数/m			
		第1次读数	第2次读数	平均值	

测站	测回数	竖盘位置	目标	水平度盘读数/(° ′ ″)	半测回角/(° ′ ″)	一测回角/(° ′ ″)	测回平均角/(° ′ ″)

测站	目标	一测回水平距离读数/m			
		第1次读数	第2次读数	平均值	

注：此表不足可续表。

(2) 导线测量成果计算表如表 5-2 所示。

表 5-2 导线测量成果计算表

点号	观测角 /(° ′ ″)	角度改正数 /(″)	改正后角度 /(° ′ ″)	坐标方位角 /(° ′ ″)	距离 /m	坐标增量 Δx			坐标增量 Δy			纵坐标 x/m	横坐标 y/m
						计算值 /m	改正值 /mm	改正后的值/m	计算值 /m	改正值 /mm	改正后的值/m		
Σ													
辅助计算													

八、实训总结

实训操作结果汇报如表 5-3 所示。

表 5-3 实训操作结果汇报表

实训项目	
本组组员	组长： 组员：
是否完成	
实训分工	
实训心得体会	优点/已完成部分/正确点： 缺点/未完成部分/错误点：
未完成的主要原因	

九、教师评价

实训过程性评价如表 5-4 所示。

表 5-4 实训过程性评价表

学习环节	评分细则	第＿＿＿组 姓名＿＿＿	
		分值	得分
实训过程及成果	操作动作规范，操作程序正确	20	
	按时完成实训项目	10	
	无仪器或工具损坏，无事故发生	20	
	记录规范，无转抄、涂改、抄袭等	20	
	计算准确，精度符合规定要求	10	
	服从组长安排，能配合其他成员工作	10	
	遵守实训纪律	10	

十、实训练习

1. 简述导线布设的几种形式，各有什么优点？

2. 导线野外踏勘选点需要注意哪些事项？

实训任务 5.2　高程控制测量

一、实训目标

(1) 掌握四等水准测量的观测、记录、计算及校核方法。
(2) 熟悉四等水准测量的主要技术指标。
(3) 掌握水准路线的布设及水准路线的平差计算。

二、实训仪器和工具

DS3 型水准仪 1 台，水准尺 1 对，尺垫 2 个，记录板 1 个，铅笔、计算器(自备)，记录计算表格(自备)。

三、实训内容

(1) 采用四等水准测量的施测方法完成指导教师指定的一条闭合(或附合)水准路线观测任务。

(2) 根据外业观测数据，在内业进行高差闭合差的调整以及各未知点高程的计算工作。

四、实训组织

(1) 每实训小组 4~6 人，小组内分工合作，轮流操作，实训安排为 4 学时。

(2) 准备好实训仪器和工具，相关的参考资料和记录表格。

五、实训方法和步骤

1. 观测方法

选择一条闭合(或附合)水准路线，按下列顺序逐站进行观测：

(1) 照准后视尺黑面，精确整平后读取下丝、上丝、中丝读数；

(2) 照准后视尺红面，精确整平后读取中丝读数；

(3) 照准前视尺黑面，精确整平后读取下丝、上丝、中丝读数；

(4) 照准前视尺红面，精确整平后读取中丝读数。

2. 计算和校核

将观测数据记入表中相应栏中，计算和校核要求如下：

(1) 视线高度在 0.3~2.7 m；

(2) 视线长度不超过 100 m；

(3) 前、后视距差不超过 ±5 m，视距累积差不超过 ±10 m；

(4) 红、黑面读数差不超过 ±3 mm；

(5) 红、黑面高差之差不超过 ±5 mm；

(6) 高差闭合差(单位：mm)不超过 $\pm 12\sqrt{L}$ (平地)或 $f_{h容} = \pm 6\sqrt{n}$ (山区)，L 为水准路线的长度(单位：km)，n 为测站数。

六、实训注意事项

(1) 观测的同时，记录员应及时进行测站计算验核，符合要求方可迁站，否则应重测。

(2) 仪器未迁站时，后视尺不得移动；仪器迁站时，前视尺不得移动。

七、实训成果

(1) 四等水准测量记录如表 5-5 所示。

表 5-5　四等水准测量记录表

日期：＿＿＿＿＿＿＿　　天气：＿＿＿＿＿＿＿　　观测者：＿＿＿＿＿＿＿

班级：＿＿＿＿＿＿＿　　仪器：＿＿＿＿＿＿＿　　记录者：＿＿＿＿＿＿＿

测站	点号	后尺 下丝／上丝　后视距/m　视距差 d/m	前尺 下丝／上丝　前视距/m　累积差 $\sum d$/m	方向及尺号	水准尺读数/mm		$K+$ 黑－红	高差中数/m	备注
					黑面	红面			
				后－前					
				后－前					
				后－前					
				后－前					
				后－前					
				后－前					
				后－前					

(2) 四等水准测量成果计算如表 5-6 所示。

表 5-6　四等水准测量成果计算表

测段编号	点名	距离或测站数	实测高差/m	改正数/mm	改正后的高差/m	高 程/m	备注
Σ							
辅助计算		$f_h =$ $f_{h容} =$					

八、实训总结

实训操作结果汇报如表 5-7 所示。

表 5-7   实训操作结果汇报表

实训项目	
本组组员	组长：　　　　　组员：
是否完成	
实训分工	
实训心得体会	优点/已完成部分/正确点： 缺点/未完成部分/错误点：
未完成的主要原因	

九、教师评价

实训过程性评价如表 5-8 所示。

表 5-8　实训过程性评价表

学习环节	评 分 细 则	第_____组 姓名_____	
		分值	得分
实训过程及成果	操作动作规范，操作程序正确	20	
	按时完成实训项目	10	
	无仪器或工具损坏，无事故发生	20	
	记录规范，无转抄、涂改、抄袭等	20	
	计算准确，精度符合规定要求	10	
	服从组长安排，能配合其他成员工作	10	
	遵守实训纪律	10	

十、实训练习

1. 简述四等水准测量一个测站的观测顺序。

2. 在进行测站观测过程中如何消除视差？

实训项目六 地形图测绘

实训任务6.1 全站仪数字测图

一、实训目标

(1) 掌握全站仪极坐标法测量碎部点的操作步骤。

(2) 掌握利用全站仪进行野外数据采集的方法，并学习绘制工作草图。

二、实训仪器和工具

电子全站仪 1 台，三脚架 1 副，对中杆 2 个，记录板 1 个，铅笔、计算器(自备)，记录计算表格(自备)。

三、实训内容

(1) 完成指定区域的地形图数据采集工作。

(2) 根据采集的位置信息绘制外业草图。

四、实训组织

(1) 每实训小组 4～6 人，小组内分工合作，轮流操作，实训安排为 4 学时。

(2) 准备好实训仪器和工具、相关的参考资料和记录表格。

五、实训方法和步骤

1. 全站仪测记法

全站仪测记法是用全站仪采集碎部点点号、三维坐标$(x，y，h)$，并自动记录数据，再利用这些信息进行人机交互编辑绘图。而碎部点属性信息(分类属性和关系属性)需要现场录入或手工记录，并绘制草图。这种方法还可细分为草图法和编码法。实际作业时，草图法和编码法可以混合使用。

2. 实施步骤

(1) 安置测站。

全站仪测记法如图 6-1 所示，观测员安置全站仪于测站 A，要求既对中又整平(对中误差小于或等于 1 cm，整平误差小于或等于 1 格)，量取仪器高。全站仪参数设置包括确定仪器和棱镜常数，确定气压和温度参数，建立工程文件，即输入测站点名、测站点坐标$(x_A，y_A，h_A)$、仪器高 i_A。

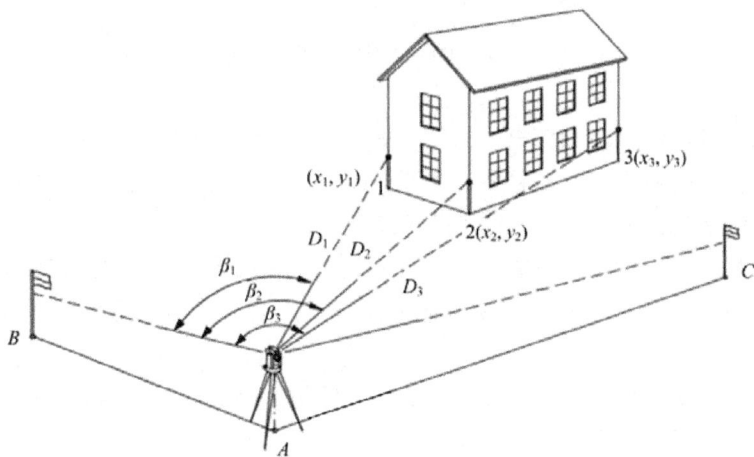

图 6-1　全站仪测记法示意图

(2) 后视定向与检核。

输入后视点 B、后视点坐标$(x_B，y_B，h_B)$、棱镜高 v_B。盘左照准后视点进行定向，此时锁定度盘。然后检核后视点坐标：若与后视点已知坐标相符，则进行碎部测量；否则查找原因，进行改正，重新检核后视点坐标。

(3) 碎部点三维坐标测量。

立镜员选择碎部点，领尺员绘制草图，观测员从盘左照准棱镜，输入碎部点点号和属性编码，按回车键将测量信息自动记录。

领尺员绘的草图要反映碎部点的分类属性和连接关系，且要与仪器记录的点号信息相对应。因此，要保持领尺员与观测员的通信联系。图 6-2 所示为外业草图和编码示意图。

各测绘小组采用分区实测法施测时，相邻分区应重叠 5 mm。分图幅施测时，也应在图廓线重叠 5 mm。

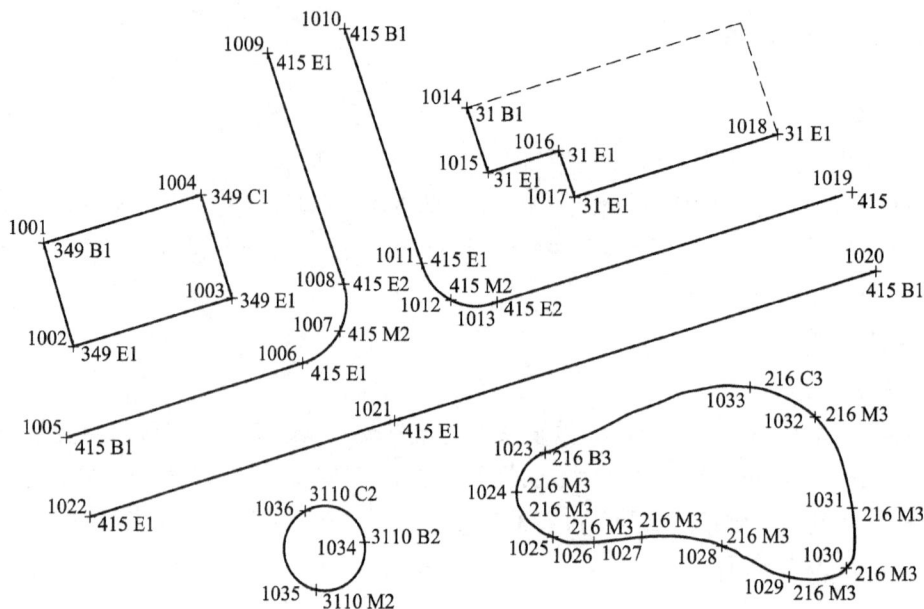

图 6-2　外业草图和编码示意图

(4) 检核。

在碎部测量过程中，遇到关机、间停、间歇又重新开始时，必须在已知点(固定点)进行测量，并与已知坐标进行对比检核。正常开测与收测，也要与已知点(固定点)进行对比检核，以保证整个测量过程中数据采集的可靠性。

通常情况下，平面坐标分量较差不大于 5 cm(限差小于或等于图上 0.2 mm)，高程较差不大于 7 cm(限差小于或等于 $0.2h_d$，h_d 为基本等高距)，即可认为数据采集可靠。

(5) 绘图。

地形图绘制通常在内业进行。将外业采集的碎部点坐标数据传输到计算机上，利用数字化成图软件进行展点、绘制地物、建立 DTM 绘制等高线、注记、整饰，最终绘制出地形图。绘制地物时，要以草图和编码为重要依据。

六、实训注意事项

(1) 在进行数据采集的过程中，测量人员与绘图人员之间一定要实时交流，确认点号情况。

(2) 采集的坐标数据在提示是否保存时，一定要选择"是"，才能正确保存该点的信息。

(3) 草图绘制要清晰、整洁，识别度要高。

七、实训成果

全站仪数字测图外业草图绘图如表 6-1 所示。

表 6-1　全站仪数字测图外业草图绘图表

班级：_____　组号：_____　仪器编号：_____

观测员：_____　绘草图员：_____　立镜员：_____　日期：_____

测站点名：_____　坐标：$x=$ _____　$y=$ _____　$h=$ _____

后视点名：_____　坐标：$x=$ _____　$y=$ _____　$h=$ _____

仪器高：_____　草图起始点号：_____　草图终止点号：_____

八、实训总结

实训操作结果汇报如表 6-2 所示。

表 6-2　实训操作结果汇报表

实训项目	
本组组员	组长：　　　　　组员：
是否完成	
实训分工	
实训心得体会	优点/已完成部分/正确点： 缺点/未完成部分/错误点：
未完成的主要原因	

九、教师评价

实训过程性评价如表 6-3 所示。

表 6-3　实训过程性评价表

学习环节	评 分 细 则	第_____组 姓名_____	
		分值	得分
实训过程及成果	操作动作规范，操作程序正确	20	
	按时完成实训项目	10	
	无仪器或工具损坏，无事故发生	20	
	记录规范，无转抄、涂改、抄袭等	20	
	计算准确，精度符合规定要求	10	
	服从组长安排，能配合其他成员工作	10	
	遵守实训纪律	10	

十、实训练习

1. 简述利用全站仪进行定向的作业过程。

2. 草图法野外数据采集需要注意哪些问题？

实训任务6.2　GNSS 数字测图

一、实训目标

(1) 掌握 GNSS-RTK 数字测图的操作步骤。

(2) 掌握利用 GNSS-RTK 进行野外数据采集的方法。

二、实训仪器和工具

GNSS 接收机 1 台，对中杆 1 个(GNSS 专用杆)，记录板 1 个，铅笔、计算器(自备)，记录计算表格(自备)。

三、实训内容

(1) 完成指定区域的地形图数据采集工作。

(2) 根据采集的位置信息与数据绘制外业草图。

四、实训组织

(1) 每实训小组 4～6 人，小组内分工合作，轮流操作，实训安排为 2 学时。

(2) 准备好实训仪器和工具、相关的参考资料和记录表格。

五、实训方法和步骤

1. 网络 RTK 概述

在常规 RTK 工作模式中，只有 1 个基准站，作业距离受限，流动站与基准站的距离不能超过 10～15 km，且精度和可靠性随着作业距离的增加而不断降低。在网络 RTK 中，有多个基准站，用户不需要建立自己的基准站，用户与基准站的距离可以扩展到上百千米，网络 RTK 减小了误差，尤其是与距离相关的误差。一般来说，网络 RTK 可以分成 3 个基础部分，分别是固定式基准站、数据处理中心、用户。首先，多个基准站同时采集观测数据并将数据传送到数据处理中心，数据处理中心的 1 台主控计算机能够通过网络控制所有的基准站。所有从基准站传来的数据先经过粗差剔除，然后主控电脑对这些数据进行联网解算，最后播发改正信息给用户。为了增强可靠性，数据处理中心会安装备用电脑，以防主机发生故障，影响系统运行。网络 RTK 至少要有 3 个基准站才能计算出改正信息。改正信息的可靠性和精度会随基准站数目的增加而得到改善。当存在足够多的基准站时，即使某个基准站出现故障，系统仍然可以正常运行并且提供可靠的改正信息。网络 RTK 的应用方向之一是具有实时定位服务功能的虚拟参考站的卫星定位服务系统。

2. 基于 VRS 的网络 RTK 系统组成

虚拟参考站(Virtual Referene Station，VRS)是集互联网技术、无线通信技术、计算机网络管理和 GNSS 定位技术于一身的系统，由控制中心、固定站、用户部分组成。

VRS 的基本工作原理是固定参考站的卫星观测。数据通过通信链传送到 VRS 中央服务器，服务器对观测数据进行质量检测，去除大的粗差并修正周跳，并通过分析双差观测量来计算和剔除电离层误差、对流层误差和星历误差。用户部分通过蜂窝网络通信向中央服务器提供自身的近似位置。中央服务器自动接收该近似定位信息，并对给定的位置进行几何替代处理，通过内插修正过的星历误差、电离层和对流层误差，为该流动站生成一个"虚拟参考站"。同时中央服务器会生成一组标准格式的改正信息，并通过蜂窝通信设备由控制中心传送给流动站，流动站只需几秒钟就能获得 RTK 的测量结果，而且精度一直保持在厘米级。

(1) 控制中心。控制中心也称通信控制中心或数据处理中心，是整个系统的核心。它通过通信线(光缆、综合业务数字网、电话线)与所有的固定参考站进行通信，通过无线网络(GSM、CDMA、GPRS 等)与移动用户进行通信。由计算机实时系统控制整个系统的运行，24 h 连续不断地根据各基准站所采集的实时观测数据在区域内进行整体建模解算，通过建立精确的误差模型(如电离层、对流层、卫星轨道等误差模型)，在移动站附近产生一个物理上并不存在的虚拟参考站(VRS)。由于虚拟参考站的位置是通过流动站接收机(目前主要用手机)的单点定位解来确定的，故它与移动站构成的基线通常只有几米到十几米，移动站与虚拟参考站通过载波相位差分改正，实现实时 RTK。

(2) 固定站。固定参考站是固定的 GNSS 接收系统，分布在整个网络中，一个 VRS 网络可包括无数个站，但最少要 3 个站，站与站之间的距离可达 70 km(传统高精度 GNSS 网络的站间距离不过 10～20 km)。固定站与控制中心之间由通信线相连，将数据实时地传送到控制中心。

(3) 用户部分。用户部分即用户的接收机加上无线通信的调制解调器。接收机可以是直接用于测绘的大地型接收机，也可以是导航型接收机，根据用户的不同需求，接收机可以放置在不同的载体上，如汽车、飞机、农业机器等。接收机通过无线网络将自己的初始位置发送给控制中心，并接收控制中心的差分信号，生成厘米级的位置信息。

3. VRS 网络 RTK 技术的优势

(1) 覆盖范围更广。突破了传统 RTK 作业距离的限制，VRS 网络中固定参考站的距离增大，站间距离可达到 70 km，三个站覆盖的面积可以超过 2100 km^2。以武汉市为例，中心城区面积约为 863 km^2，只用三个参考站即可覆盖。

(2) 精度高，可靠性强。VRS 技术采用多个参考站，联合数据对电离层、对流层改正考虑较好，能够有效消除系统误差和周跳，定位可靠性强，提高了精度。在 VRS 网络控制范围内，精度始终保持在 1～3 cm。

(3) 生产成本更低，作业效率更高。对于用户端，无需野外参考站，仅需流动站，不再架设基准站。流动站的初始化速度更快，可更加便捷地投入作业，提高生产效率，从而降低了生产成本。目前应用极广的千寻位置的厘米级定位技术(千寻位置网络有限公司提供)依托遍布全国的卫星定位地基信号增强站，根据用户位置生成并发送虚拟参考站(VRS)，用户接收数据并进行差分定位，即可获得厘米级的定位结果。另外目前诸多厂商(南方、天宝)的 CORS 方案采用的也是 VRS 算法。

4. 实训步骤

(1) 基准站到移动站的架设环节，从架设基准站、配置坐标系统、新建工程、设置基准站、安装流动站、设置流动站到点校正步骤，方法同实训任务 5.2。

(2) 地形图碎部点测量。移动站在固定解的状态下，打开测地通【测量】→【点测量】，在实际作业过程中，通过点校正，转换到当地坐标系。

(3) RTK 数字测图的基本要求如下：

① 基准站工作期间，工作人员不能远离，要间隔一定时间检查设备的工作状态，对不正常情况及时作出处理。

② 基准站除 GPS 设备耗电外，还要为 RTK 电台供电，可采用双电源电池供电，或采用汽车电瓶供电。条件许可时，也可采用 12 V 直流变压器直接同市政电网相连接进行

供电。

③ 在信号受影响的点位，为提高效率，可将仪器移到开阔处或升高天线，待数据链锁定后，再小心地、无倾斜地移回待定点或放低天线，一般可以初始化成功。

④ RTK 作业期间，基准站不允许下列操作：关机再重新启动；进行自测试——改变卫星高度截止角、仪器高度值、测站名等；改变天线位置；关闭文件或删除文件等。

⑤ 控制点测量中，接收机天线姿态要尽量保持垂直（流动杆要放稳、放直）。若有一定的斜倾度，则会产生很大的点位偏移误差。例如，当天线高 2 m、倾斜 10° 时，定位会偏移 3.47 cm。

⑥ RTK 观测时要保持坐标收敛值小于 5 cm。

⑦ RTK 作业应尽量在天气良好的状况下进行，尽量避免雷雨天气。夜间作业的精度一般优于白天。

⑧ RTK 工作时，参考站可记录静态观测数据；当 RTK 无法作业时，流动站要转化为快速静态或后处理动态作业模式观测，以利后处理。

⑨ 在一个连续的观测段中，应对首尾的测量成果进行检验。检验方法为在已知点上进行初始化并复测（两次复测之间必须重新进行初始化）。

(4) RTK 地形碎部测量主要技术要求如表 6-4 所示。

表 6-4   GNSS-RTK 地形测量主要技术要求

等级	点位中误差(图上) Δ/mm	高程中误差	与基准站的距离/km	观测次数	起算点等级
碎部点	$\Delta \leqslant \pm 0.3$	相应比例尺成图要求	$\leqslant 10$	1	平面图根、高程五等以上

注：① 点位中误差指控制点相对于起算点的误差；

② 采用网络 RTK 测量可不受流动站到参考站间距离的限制，但宜在网络覆盖的有效服务范围内。

(5) 成果输出。

成果输出的作用是将点坐标导出为需要的格式，坐标类型有平面及经纬度两种，分别用于地形或地籍图的绘制。

点击主界面【导出】，软件会把需要导出的点导出到手簿内存的某一路径下，然后通过同步软件可将文件复制到电脑上。

点击【导出点类型】，用户可选择导出点类型，点类型包括输入点、测量点、基站点、计算点四种。

点击【时间】，可通过设定起始时间和截止时间选择要导出的点。

点击【坐标系统】，可选择平面或经纬度。

点击【文件类型】，选择 txt、csv 类型的文件格式，有多种固定文件格式可选，能满足大部分客户的需求，用户也可自定义文件格式。

点击【路径】，选择文件导出路径。

六、实训注意事项

(1) 在进行地形图碎部点信息采集时，GNSS-RTK 必须是固定解的状态才能采集。

(2) 若要在采集数据中使用倾斜测量功能，必须进行倾斜初始化。

七、实训成果

GNSS-RTK 外业草图绘图如表 6-5 所示。

表 6-5 GNSS-RTK 外业草图绘图表

班级：_____ 组号：_____ 仪器编号：_____

观测员：_____ 绘草图员_____ 立镜员_____ 日期：_____

草图起始点号：_____ 草图终止点号：_____

八、实训总结

实训操作结果汇报如表 6-6 所示。

表 6-6 实训操作结果汇报

实训项目	
本组组员	组长: 组员:
是否完成	
实训分工	
实训心得体会	优点/已完成部分/正确点: 缺点/未完成部分/错误点:
未完成的主要原因	

九、教师评价

实训过程性评价如表 6-7 所示。

表 6-7 实训过程性评价表

学习环节	评 分 细 则	第_____组 姓名_____	
		分值	得分
实训过程及成果	操作动作规范,操作程序正确	20	
	按时完成实训项目	10	
	无仪器或工具损坏,无事故发生	20	
	记录规范,无转抄、涂改、抄袭等	20	
	计算准确,精度符合规定要求	10	
	服从组长安排,能配合其他成员工作	10	
	遵守实训纪律	10	

十、实训练习

1. 简述网络 RTK 的优势体现在哪些方面？

2. 简述 RTK 的作业流程。

实训任务 6.3 CASS 地形图绘制

一、实训目标

(1) 掌握南方 CASS 软件的基本功能和操作。
(2) 掌握南方 CASS 软件进行地形图绘制的基本操作步骤。
(3) 运用所学知识用草图法独立完成地形图的绘制。
(4) 了解和熟悉南方 CASS 测图的其他常用方法，并绘制一幅标准图幅的地形图。

二、实训仪器和工具

安装有南方 CASS10.1 软件的计算机 1 台。

三、实训内容

(1) 完成指定数据文件的区域地形图绘制工作，绘制一幅标准的地形图。

（2）根据各小组外业采集的数据成果，自主完成本小组的地形图绘制工作。

四、实训组织

（1）每实训小组 4～6 人，小组内分工合作，轮流操作，实训安排为 4 学时。
（2）准备好实训仪器和工具，相关的参考资料和记录表格。

五、实训方法和步骤

1. 样例数据绘图

在内业工作时，根据作业方式的不同，草图法可分为"点号定位""坐标定位""编码引导"几种方法。本次实训以"坐标定位"法为例，使用配套"实训 4.DAT"原始观测文件数据，进行标准图幅绘图操作。

（1）定显示区。

用鼠标左键点击"绘图处理→定显示区"菜单项，在出现的"输入坐标数据文件名"对话框中选择或输入已采集的原始坐标文件(如"实训 4. DAT")，单击打开后，命令行显示如下：

最小坐标(m)：X = 30 049.824，Y = 40 049.646；

最大坐标(m)：X = 30 300.004，Y = 40 350.059。

（2）展点。

选择"绘图处理→展野外测点点号"菜单项，命令区提示"绘图比例尺1：　"

输入比例尺后，在弹出的"输入坐标数据文件名"中选择或输入相应的原始坐标文件名，屏幕上便显示野外测点的点号，屏幕展点显示如图 6-3 所示。

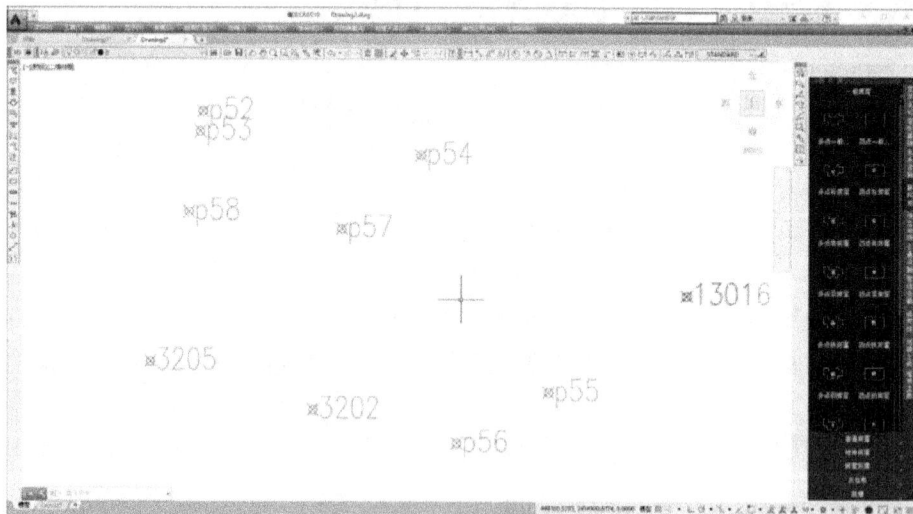

图 6-3　屏幕上的展点显示

（3）选择定点方式。

点击右侧屏幕菜单，选择"坐标定位"。

(4) 绘平面图。

① 绘制一般房屋的步骤：选择屏幕右侧菜单"居民地"→"一般房屋"，弹出如图 6-4 所示的对话框；再选中"四点砖房屋"图标(图标变量)，然后单击鼠标左键确定。

用公路一侧的 92、45、46、13、47、48 号点和公路另一侧的 19 号点绘制"平行的县道、乡道、村道细边线"；

用 69、70、71、72、97、98 号点分别绘制"路灯"；

用 49、50、51、52、53 号点绘制 5 层"多点砼房屋"，其中 51 与 52 点之间有一房角点；

用 60、61、62、63、64、65 号点绘制 2 层"多点砼房屋"，其中 62 与 63 点之间有一房角点，距 62 号点的垂直距离为 4.5 m，63 与 64 点之间有一房角点；

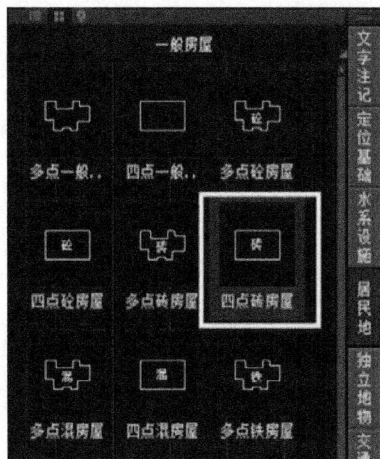
图 6-4　"居民地"对话框

用 3、39、16 三点绘制 2 层砖结构的"四点砖房屋"；

用 68、67、66 绘制墙宽 0.5 m 不拟合的"依比例围墙"；

用 76、77、78 绘制"四点棚房"；

用 86、87、88、89、90、91 绘制拟合的"小路"；

用 103、104、105、106 绘制拟合的"不依比例乡村路"；

用 73、74 绘制"宣传橱窗"；

用 59 绘制"不依比例肥气池"；

用 54、55、56、57 绘制拟合的坎高为 0.8 m 的"未加固陡坎"；

用 93、94、95、96 绘制不拟合的坎高为 1 m 的加固陡坎；

用 79 绘制"水井"；

用 75、83、84、85 绘制"地面上的输电线"；

用 99、100、101、102 分别绘制"果树独立树"；

用 58、80、81、82 绘制不拟合的有边界的"菜地"；

用 1、2、4 分别绘制点名为 D121、D123、D135 的"埋石图根点"；

用 107 绘制"旧碉堡"；

用 108 绘制"土地庙"；

用 109 绘制"水塔"；

用 110 绘制"纪念碑"。

(5) 绘等高线。

① 展高程点。

选择"绘图处理→展高程点"菜单项，打开指定的数据文件"实训 4.DAT"，将数据文件中测有高程的点全部展在屏幕上。

② 建立 DTM。

选择"等高线→由数据文件建立 DTM"菜单项，打开指定的数据文件"实训

4.DAT"，不考虑坎高，没有地性线，显示建三角网结果，建立三角网 DTM 模型。

③ 绘等高线。

用鼠标左键点"等高线→绘等高线"菜单项，输入等高距 1m，选择"三次 B 样条拟合"，在屏幕上绘出等高线，再选择"等高线→删三角网"，删除三角网。

④ 等高线的修剪。

利用"等高线"菜单下的"等高线修剪"二级菜单对等高线进行修饰，切除穿建筑物等高线和穿过道路部分的等高线。

(6) 加注记。

在平行等外公路上加"经纬路"三个字。

(7) 加图框。

选择"绘图处理→标准图幅(50×40)"菜单，在图幅整饰界面的"图名"栏里，输入"香山新村"，在"测量员""绘图员""检查员"各栏里分别输入自己的姓名；在"左下角坐标"的"东""北"栏内分别输入"53070""31050"，在"删除图框外实体"栏前打勾，去除"取整"栏前的勾，然后按确认。

(8) 保存并上交的作业为绘图文件"班级-学号-姓名-CASS1.dwg"。

2. 采集数据绘图

根据外业采集的数据成果，各小组自主完成地形图绘制工作。

六、实训注意事项

(1) 注意在绘图过程中一定要结合草图认真核对地物属性信息。

(2) 绘图过程中注意快捷键的使用。

七、实训成果

CASS 地形图绘制实验报告如表 6-8 所示。

表 6-8　CASS 地形图绘制实验报告

时间：_____　绘图人员：_____

班级：_____　组　号：_____

一、实验主要步骤总结

二、实验完成情况
三、疑难问题及遗留问题

八、实训总结

实训操作结果汇报如表 6-9 所示。

表 6-9　实训操作结果汇报表

实训项目	
本组组员	组长：　　　组员：
是否完成	
实训分工	
实训心得体会	优点/已完成部分/正确点： 缺点/未完成部分/错误点：
未完成的主要原因	

九、教师评价

实训过程性评价如表 6-10 所示。

表 6-10   实训过程性评价表

学习环节	评 分 细 则	第_____组 姓名_____	
		分值	得分
实训过程及成果	操作动作规范，操作程序正确	20	
	按时完成实训项目	10	
	无仪器或工具损坏，无事故发生	20	
	记录规范，无转抄、涂改、抄袭等	20	
	计算准确，精度符合规定要求	10	
	服从组长安排，能配合其他成员工作	10	
	遵守实训纪律	10	

十、实训练习

1. 如何实现 AutoCAD 环境和 CASS 环境的切换？

2. CASS 软件内业成图有哪几种方式？

实训项目七 施 工 测 量

实训任务 7.1 已知水平角的测设

一、实训目标

1. 知识目标

(1) 理解已知水平角测设的原理。

(2) 掌握水平角测设的检验方法。

2. 技能目标

(1) 掌握已知水平角的测设方法和步骤。

(2) 掌握水平角测设的检验方法。

二、实训仪器和工具

DJ6 型经纬仪 1 台，50 m 钢卷尺 1 个，对中杆 2 根，粉笔 1 支(记号笔 1 支)，记录板 1 个，铅笔、计算器(自备)，必要时自备雨伞 1 把。

三、实训内容

(1) 给定一条已知边和一个水平角度，完成已知水平角度的测设。

(2) 检验测设出的水平角。

四、实训组织

(1) 每实训小组 4~6 人，小组内分工合作，轮流操作，实训安排为 2 学时。

(2) 准备好实训仪器和工具，相关的参考资料和记录表格。

五、实训方法和步骤

在开阔的实训场地任意选择两点分别命名为 O 点和 A 点(OA 两点间隔 20~50 m)，做好标记。由指导教师给定一个水平角 β，欲测设该水平角，需要标记第三点 B，OA 与 OB

之间的水平夹角即为测设的水平角 β。具体方法有一般方法和精确方法。

1. 水平角测设的一般方法

水平角测设的一般方法如图 7-1 所示。

(1) 在点 O 上安置经纬仪，作为测站点；立尺者在 A 点架设一根对中杆。

(2) 盘左状态下将望远镜瞄准 A 点的对中杆，拧紧水平制动螺旋，并将此时的水平度盘读数置为 $0°00'00''$。

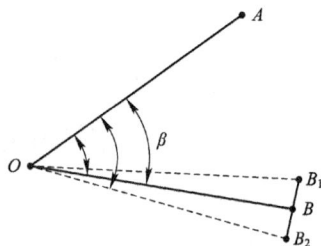

图 7-1　水平角测设的一般方法示意图

(3) 松开水平制动螺旋，沿着顺时针方向旋转照准部，当经纬仪上显示的水平度盘读数为给定的测设值时，拧紧水平制动，固定照准部在水平位置的方向。

(4) 标记者用钢尺从测站点起，沿着此时照准部大致方向量取与 OA 大致等距的长度；观测者松开望远镜制动螺旋，将望远镜向上或向下瞄准与 OA 大致等距的位置，由观测者判断标记者所在位置与最终标记点 B 的相对位置关系。

(5) 观测者指挥标记者向左或向右(向前或向后)移动，直至标记者正好处于望远镜十字丝中心，并由标记者标记出 B_1 点。

(6) 松开制动螺旋，倒转望远镜，盘左变盘右，重复步骤(2)~(5)，标记出 B_2。取 B_1 和 B_2 连线的中点作为 B 点，OA 与 OB 的水平夹角即为测设的已知水平角 β。

2. 水平角测设的精确方法

水平角测设的精确方法如图 7-2 所示。

(1) 先用一般方法测设出 B_1 点。

(2) 用测回法对 $\angle AOB_1$ 观测若干测回，求出各测回的平均值 β_1，并计算 $\Delta\beta(\Delta\beta = \beta - \beta_1)$。

(3) 量取 OB_1 的水平距离。

(4) 计算改正距离。改正距离的计算公式如下：

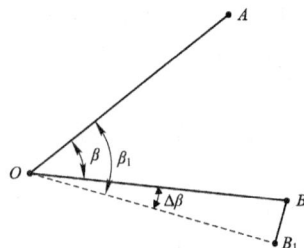

$$BB_1 = OB_1 \tan \Delta\beta \approx OB_1 \frac{\Delta\beta}{\rho} \qquad (7\text{-}1)$$

图 7-2　水平角测设的精确方法示意图

(5) 自 B_1 点沿 OB_1 的垂直方向量出距离 BB_1，定出 B 点，则 $\angle AOB$ 就是要测设的角度。

量取改正距离时，如 $\Delta\beta$ 为正，则沿 OB_1 的垂直方向向外量取；如 $\Delta\beta$ 为负，则沿 OB_1 的垂直方向向内量取。最后将数据记录与成果整理至相应的表格中。

六、实训注意事项

(1) 已知边长度要适中，不可过近或过远。

(2) 当确定好测设方向后，不可再转动照准部。

(3) B 点的标记应选择较细的记号笔，记号标记不宜太大。

七、实训成果

(1) 已知水平角的测设表格的填写规范如表 7-1、表 7-2、表 7-3 所示。

表 7-1　测设水平角记录表(样表)

设计水平角/(° ′ ″)	已知方向/(° ′ ″)	测设角/(° ′ ″)
30 00 00	0 00 00	30 00 00

表 7-2　水平角检测记录表(样表)

测站	竖盘位置	测点	水平度盘读数/(° ′ ″)	半测回角/(° ′ ″)	一测回角/(° ′ ″)
O	左	A	0 00 00	30 00 12	30 00 08
		B	30 00 12		
	右	A	180 00 06	30 00 04	
		B	210 00 10		

表 7-3　测设水平角归化改正记录表(样表)

设计水平角/(° ′ ″)	检测水平角/(° ′ ″)	测设误差/(″) $\Delta\beta=\beta''-\beta$	改正数/m $CC'=D_{AC}\dfrac{\Delta\beta}{\rho''}$	向内或向外量
30 00 00	30 00 08	−0 00 08	0.001	向内

(2) 已知水平角的测设如表 7-4、表 7-5、表 7-6 所示。

表 7-4　已知水平角的测设记录表

日期：_____　天气：_____　班级：_____　组别：_____
仪器：_____　观测者：_____　记录者：_____　计算者：_____

设计水平角/(° ′ ″)	已知方向/(° ′ ″)	测设角/(° ′ ″)

表 7-5　水平角检测记录表

测站	竖盘位置	测点	水平度盘读数/(° ′ ″)	半测回角/(° ′ ″)	一测回角/(° ′ ″)
	左				
	右				

表 7-6　测设水平角归化改正记录表

设计水平角/(° ′ ″)	检测水平角/(° ′ ″)	测设误差/″ $\Delta\beta=\beta''-\beta$	改正数/m $CC'=D_{AC}\dfrac{\Delta\beta}{\rho''}$	向内或向外量

八、实训总结

实训操作结果汇报如表 7-7 所示。

表 7-7 实训操作结果汇报

实训项目	
本组组员	组长： 组员：
是否完成	
实训分工	
实训心得体会	优点/已完成部分/正确点： 缺点/未完成部分/错误点：
未完成的主要原因	

九、教师评价

实训过程性评价如表 7-8 所示。

表 7-8 实训过程性评价表

学习环节	评 分 细 则	第_____组 姓名_____	
		分值	得分
实训过程及成果	操作动作规范，操作程序正确	20	
	按时完成实训项目	10	
	无仪器或工具损坏，无事故发生	20	
	记录规范，无转抄、涂改、抄袭等	20	
	计算准确，精度符合规定要求	10	
	服从组长安排，能配合其他成员工作	10	
	遵守实训纪律	10	

十、实训练习

1. 已知水平角的测设需要已知哪些条件？

2. 简述水平角测量和水平角测设的区别。

实训任务 7.2 已知水平距离的测设

一、实训目标

1. 知识目标
(1) 理解已知水平距离测设的原理。
(2) 掌握水平距离测设的方法。

2. 技能目标
掌握利用钢尺或全站仪完成已知水平角的测设。

二、实训仪器和工具

全站仪 1 台，50 m 钢卷尺 1 个，对中杆 1 根，反光棱镜 1 个，粉笔 1 支(记号笔 1支)，记录板 1 个，铅笔、计算器(自备)，必要时自备雨伞 1 把。

三、实训内容

(1) 给定一个起点和已知方向，完成已知水平角度的测设。
(2) 分别使用钢尺和全站仪完成水平距离的测设。

四、实训组织

(1) 每实训小组 4～6 人，小组内分工合作，轮流操作，实训安排为 2 学时。
(2) 准备好实训仪器和工具，相关的参考资料和记录表格。

五、实训方法和步骤

在开阔的实训场地任意选择一点命名为 A 点，做好标记，由实训教师给定一个水平距离 D(20～40 m)，欲测设该水平距离，需要标记第二点 B，AB 之间的水平距离即为测设的水平距离 D。具体方法如下。

1. 钢尺测设

(1) 一般方法：当对测设精度要求不高时，从已知点 A 开始，沿给定的方向，用钢尺直接丈量出已知水平距离，定出这段距离的另一端点 B(见图 7-3)。

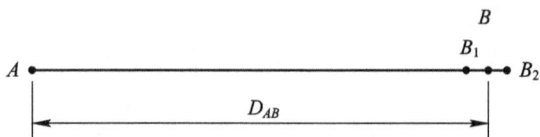

图 7-3　钢尺测设的一般方法

为了校核，应再丈量一次，若两次丈量的相对误差在 1/3000～1/5000 内，则取平均值作为该端点的最终位置。

(2) 精确方法(选做)：当对测设精度要求较高时，先按照一般方法测出水平距离，然后经过尺长改正、温度改正和高差改正后，计算出实地测设长度 S。(加三项改正：与距离丈量时的符号相反)。

$$S = D - \Delta_l - \Delta_t - \Delta_h \tag{7-2}$$

2. 光电测距仪测设法

当对测设精度要求较高时，一般采用光电测距仪测设法。

(1) 一人在 A 点安置光电测距仪(全站仪)，另一人手持反光棱镜在已知方向上前后移动。

(2) 测出水平距离 D′ 与应测设的水平距离 D 之差 ΔD = D − D′，直到 ΔD = 0 时即可。

六、实训注意事项

(1) 钢尺测设需要考虑已有钢尺的规格。

(2) B 点的标记应选择较细的记号笔，记号标记不宜太大。

七、实训成果

(1) 水平距离测设记录填写规范如表 7-9 所示。

表 7-9　水平距离测设记录表(样表)

设计水平距离 D/m	测设的实际距离 D'/m	改正值 $\Delta D/m$	备注
35.00	35.05	−0.05	
28.00	27.96	+0.04	
23.00	23.00	0	

(2) 水平距离测设记录如表 7-10 所示。

表 7-10　水平距离测设记录表

日期：_____　　天气：_____　　班级：_____　　组别：_____

仪器：_____　　观测者：_____　　记录者：_____　　计算者：_____

设计水平距离 D/m	测设的实际距离 D'/m	改正值 $\Delta D/m$	备注

八、实训总结

实训操作结果汇报如表 7-11 所示。

表 7-11　实训操作结果汇报表

实训项目	
本组组员	组长：　　　　　组员：
是否完成	
实训分工	
实训心得体会	优点/已完成部分/正确点： 缺点/未完成部分/错误点：
未完成的主要原因	

九、教师评价

实训过程性评价如表 7-12 所示。

表 7-12　实训过程性评价表

学习环节	评 分 细 则	第＿＿＿＿组 姓名＿＿＿＿	
		分值	得分
实训过程及成果	操作动作规范，操作程序正确	20	
	按时完成实训项目	10	
	无仪器或工具损坏，无事故发生	20	
	记录规范，无转抄、涂改、抄袭等	20	
	计算准确，精度符合规定要求	10	
	服从组长安排，能配合其他成员工作	10	
	遵守实训纪律	10	

十、实训练习

1. 已知水平距离的测设需要哪些已知条件？

2. 举例说明距离测设的用途。

实训任务 7.3　已知高程的测设

一、实训目标

1. 知识目标

(1) 掌握水准测的原理。

(2) 理解测设已知高程点的方法。

(3) 理解测设高程点的应用。

2. 技能目标

掌握测设已知高程点的方法。

二、实训仪器和工具

DS3 型自动安平水准仪 1 台,三脚架 1 副,水准尺 2 根,木桩 1 个,粉笔 1 支(记号笔 1 支),铅笔、计算器(自备),记录板 1 个,必要时自备雨伞 1 把。

三、实训内容

(1) 通过一个已知水准点测设某一设计高程点。

(2) 对测设后的高程点进行检查。

四、实训组织

(1) 每实训小组 4～6 人,小组内分工合作,轮流操作,实训安排为 2 学时。

(2) 准备好实训仪器和工具,相关的参考资料和记录表格。

五、实训方法和步骤

根据已知高程点 A 测设设计高程点 B。将设计高程点标记在木桩上,若将设计高程点放样到墙面上,则不需要用木桩。若 B 点附近没有已知高程点,则需在 B 点附近布设临时水准点 A,如图 7-4 所示。

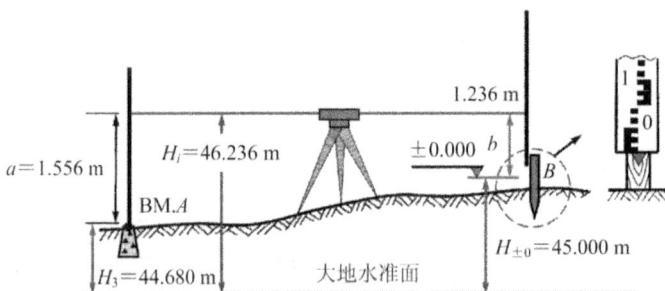

图 7-4 已知高程测设示意图

测设已知高程点的具体方法如下。

(1) 安置水准仪于 A、B 两点之间,后视尺立于 A 点,读取后视读数 a,计算出视线高程。水准仪视线高

$$H_i = H_A + a \qquad (7\text{-}3)$$

(2) 计算前视尺应有的读数

$$b = H_i - H_B \qquad (7\text{-}4)$$

(3) 在 B 点紧贴木桩(墙面)侧面立尺，观测者指挥持尺者将水准尺上下移动。当水准仪的横丝对准尺上读数 b 时，在木桩侧面(墙面)用粉笔(记号笔)画出水准尺零端位置线(即尺底线)，此线即为所要测设已知高程点 B 的位置线。

(4) 检测：采用水准测量的方法，重新测定 B 点的高程，与设计值 H_B 比较，计算测设误差。测设误差计算公式为

$$\Delta = H_{B设} - H_{B测} \qquad (7\text{-}5)$$

若测设误差 $|\Delta| \leqslant 3$ mm，尺零点位置即为设计 B 点。若 $|\Delta| > 3$ mm，则应重新测设。最后将数据记录至相应的表格中。

六、实训注意事项

(1) 已知高程点距离木桩(墙面)的距离要适中。
(2) 在木桩(墙面)侧面挪尺子时，应扶稳水准尺，防止尺子滑落。

七、实训成果

(1) 已知高程的测设记录表填写规范如表 7-13 所示。

表 7-13　已知高程的测设记录表(样表)

已知水准点高程/m	后视读数/m	视线高程/m	测设高程点号	测设高程/m	前视读数(设计)/m
400.098	1.884	401.982	A	401.055	0.927
400.098	1.884	401.982	B	400.336	1.646
400.098	1.884	401.982	C	400.000	1.982

(2) 高程检查填写规范如表 7-14。

表 7-14　高程检查表(样表)

测站	测点	后视读数/m	前视读数/m	高差/m	高程/m	备注
	BM1	1.740		0.955	401.053	
	A		0.785			
	BM1	1.740		0.239	400.337	
	B		1.501			

(3) 已知高程的测设记录如表 7-15 所示。

表 7-15 已知高程的测设记录表

日期：_____ 天气：_____ 班级：_____ 组别：_____

仪器：_____ 观测者：_____ 记录者：_____ 计算者：_____

已知水准点高程 /m	后视读数 /m	视线高程 /m	测设高程 点号	测设高程 /m	前视读数(设计) /m

(4) 高程检查记录如表 7-16 所示。

表 7-16　高程检查记录表

测站	测点	后视读数/m	前视读数/m	高差/m	高程/m	备注

八、实训总结

实训操作结果汇报如表 7-17 所示。

表 7-17　实训操作结果汇报表

实训项目	
本组组员	组长：　　　　组员：
是否完成	
实训分工	
实训心得体会	优点/已完成部分/正确点： 缺点/未完成部分/错误点：
未完成的主要原因	

九、教师评价

实训过程性评价如表 7-18 所示。

表 7-18　实训过程性评价表

学习环节	评 分 细 则	第＿＿＿＿组 姓名＿＿＿＿＿	
		分值	得分
实训过程及成果	操作动作规范，操作程序正确	20	
	按时完成实训项目	10	
	无仪器或工具损坏，无事故发生	20	
	记录规范，无转抄、涂改、抄袭等	20	
	计算准确，精度符合规定要求	10	
	服从组长安排，能配合其他成员工作	10	
	遵守实训纪律	10	

十、实训练习

1. 当向较深的基坑或较高的建筑物上测设已知高程点时，如水准尺长度不够，应该怎么测设？

2. 若已知控制点和测设点的水平距离较远，应如何操作？

实训任务7.4　已知坡度的测设

一、实训目标

1. 知识目标
(1) 掌握水准测的原理。
(2) 理解测设已知坡度的方法。
(3) 理解测设坡度的应用。

2. 技能目标
掌握测设已知坡度的方法。

二、实训仪器和工具

DS3 型自动安平水准仪 1 台，三脚架 1 副，水准尺 2 根，木桩 4 个，皮尺 1 根，记号笔 1 支，铅笔、计算器(自备)，记录板 1 个，必要时自备雨伞 1 把。

三、实训内容

(1) 测设某一设计坡度线。

(2) 对测设后的坡度线进行检查。

四、实训组织

1. 每实训小组 4～6 人，小组内分工合作，轮流操作，实训安排为 2 学时。

2. 准备好实训仪器和工具，相关的参考资料和记录表格。

五、实训方法和步骤

测设距离为 50 m，设计坡度 i 为 -1%(要求每隔 10 m 打一坡度桩)，具体方法如下。

(1) 已知坡度线的测设如图 7-5 所示，在地面上选 A、B 两点，相距 50 m，并沿 AB 方向量距，每隔 10 m 打一木桩，分别编号 1，2，3，4。

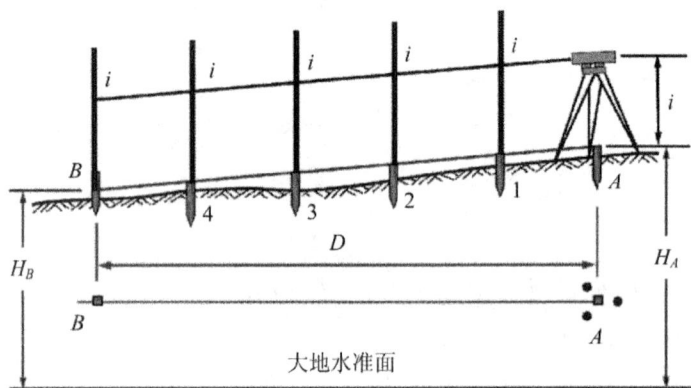

图 7-5　已知坡度线的测设示意图

(2) 设 A 点为坡度线起点，其高程为 H_A，根据设计坡度(-1%)和 AB 两点间的水平距离 D(50 m)计算出 B 点高程：

$$H_B = H_A - 0.01D \tag{7-6}$$

并用测设已知高程点的方法将 B 点的高程测设出来。

(3) 安置水准仪于 A 点，使一个脚螺旋位于 AB 方向上。另两个脚螺旋的连线与 AB 垂直，量取仪器高 i。

(4) 用望远镜瞄准 B 点上的水准尺，转动位于 AB 方向上的脚螺旋，使视线中丝对准尺读数 i 处。

(5) 不改变视线方法，依次立尺于各桩顶，轻轻打桩，待尺上读数恰好为仪器高 i 时，桩顶即位于设计的坡度线上。

六、实训注意事项

(1) 当地面坡度不大，但地面起伏稍大时，不能将桩顶打在坡度线上，此时，可读取水准尺上的读数，然后计算出各中间点的填、挖高度。(填挖高度 = 水准尺读数 − i)

(2) 在木桩(墙面)侧面挪尺子时，应扶稳水准尺，防止尺子滑落。

(3) 当地面坡度较大时，应使用经纬仪进行测设。

七、实训成果

实训成果由指导教师现场检查坡度测设成果，看坡度线是否符合要求。

八、实训总结

实训操作结果汇报如表 7-19 所示。

表 7-19　实训操作结果汇报表

实训项目	
本组组员	组长：　　　　　　　组员：
是否完成	
实训分工	
实训心得体会	优点/已完成部分/正确点： 缺点/未完成部分/错误点：
未完成的主要原因	

九、教师评价

实训过程性评价如表 7-20 所示。

表 7-20   实训过程性评价表

学习环节	评 分 细 则	第_____组 姓名_____	
		分值	得分
实训过程及成果	操作动作规范，操作程序正确	20	
	按时完成实训项目	10	
	无仪器或工具损坏，无事故发生	20	
	记录规范，无转抄、涂改、抄袭等	20	
	计算准确，精度符合规定要求	10	
	服从组长安排，能配合其他成员工作	10	
	遵守实训纪律	10	

十、实训练习

1. 当地面坡度较大时，应使用经纬仪进行测设，写出测设步骤。

2. 举例说出坡度测设的应用。

实训任务 7.5　点的平面位置的测设(极坐标法)

一、实训目标

1. 知识目标

(1) 掌握用极坐标法测设点的平面位置。

(2) 掌握极坐标法放样数据的计算方法。

2. 技能目标

(1) 能够进行极坐标法测设数据的计算。

(2) 能够运用极坐标法测设点位。

二、实训仪器和工具

全站仪 1 台，三脚架 1 副，反光棱镜 1 个，粉笔 1 支(记号笔 1 支)，铅笔、计算器(自备)，记录板 1 个，必要时自备雨伞 1 把。

三、实训内容

(1) 独立完成极坐标法放样数据的计算。

(2) 极坐标法放样的实际操作。

四、实训组织

(1) 每实训小组 4~6 人，小组内分工合作，轮流操作，实训安排为 2 学时。

(2) 准备好实训仪器和工具，相关的参考资料和记录表格。

五、实训方法和步骤

以某一建筑物作为案例，根据其附近两个已知控制点，采用极坐标法，测设建筑物的 4 个角点(4 个角点平面坐标已知)。极坐标法是根据一个水平角和一段水平距离，测设点的平面位置，适用于量距方便且待测设点距控制点较近的施工场地。若使用全站仪，则无须考虑地形的复杂程度，只需要通视即可，其效率和精度会更高。

用极坐标法测设点的平面位置如图 7-6 所示，A、B 两点为已知控制点，P、S、R、Q

为建筑的 4 个角点，采直角坐标法测设的具体方法如下。

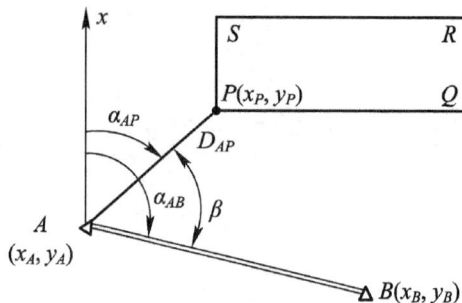

图 7-6　用极坐标法测设点的平面位置

1. 计算 P 点的放样参数

(1) 计算 AB、AP 边的坐标方位角(先确定象限角)。

$$\alpha_{AB} = \arctan\frac{\Delta y_{AB}}{\Delta x_{AB}} \tag{7-7}$$

$$R_{AP} = \arctan\frac{\Delta y_{AP}}{\Delta x_{AP}} \tag{7-8}$$

根据 Δy_{AP}，Δx_{AP} 的正负判断直线 AP 的象限，判断方法如表 7-21 所示。

表 7-21　坐标增量正、负号的规律

象限	坐标方位角	Δx	Δy
I	$0°\sim90°$	+	+
II	$90°\sim180°$	−	+
III	$180°\sim270°$	−	−
IV	$270°\sim360°$	+	−

将 AP 的象限角转为坐标方位角，得到 α_{AP}。不同象限内，方位角与象限角的关系如表 7-22 所示。

表 7-22　象限角与坐标方位角的关系

象限	由坐标方位角求象限角	由象限角求坐标方位角
I	$R = \alpha$	$\alpha = R$
II	$R = 180° - \alpha$	$\alpha = 180° - R$
III	$R = \alpha - 180°$	$\alpha = 180° + R$
IV	$R = 360° - \alpha$	$\alpha = 360° - R$

(2) 计算 AP 与 AB 之间的夹角，计算公式为

$$\beta = \alpha_{AB} - \alpha_{AP} \tag{7-9}$$

(3) 计算 A、P 两点间的水平距离，计算公式为

$$D_{AP} = \sqrt{(x_P - x_A)^2 + (y_P - y_A)^2} = \sqrt{\Delta x_{AP}^2 + \Delta y_{AP}^2} \tag{7-10}$$

2. 极坐标法放样的步骤

(1) 在 A 点安置全站仪,对中,整平;在 B 点安置反光棱镜,对中,整平。

(2) 将全站仪望远镜瞄准 B 点的反光棱镜,此时水平度盘读数置零。

(3) 沿逆/顺时针方向测设角度 β ($\beta>0$ 为逆时针,$\beta<0$ 为顺时针),确定 AP 的方向。

(4) 沿 AP 方向测设水平距离 D_{AP},确定 P 点的位置。将计算结果填写至相应的表格中。

3. 全站仪自带极坐标法放样步骤

具体步骤如表 7-23 所示。

表 7-23　全站仪坐标放样步骤

含　义	操 作 步 骤	显　示
放样程序	① 按"MENU"键,进入主菜单 按"F2",进入"放样"界面	采单 F1:数据采集 F2:放样 F3:存储管理 P↓
	② 按显示屏幕下方提示对应的按键,用"F1"输入文件名,按"F4"回车,进入下一步	选择一个文件 FN: xxx 输入 调用 跳过 回车
设置测站点	③ 按"F1"进行"输入测站点"选择	放样 F1:输入测站点 F2:输入后视点 F3:输入放样点 P↓
	④ 按显示屏幕下方提示"坐标"对应的按键用"F3"进行坐标输入窗口	测站点 点号:XXXX 输入 调用 坐标 回车
	⑤ 按显示屏幕下方提示对应的按键用"F1"输入 N、E、Z 数值。每一数值输入结束后按 F4 即可进行下一数值的输入。输入结束后按"F4"回车进入下一步	N: XXXXm E: XXXXm Z: XXXXm 输入 --- 点名 回车
	⑥ 按显示屏幕下方提示的按键用"F1"输入仪高数据,仪高输入后按"F4"回车放样窗口	仪高:XXXX m 输入 --- 点名 回车
设置后视点	① 记录结束后自动进入数据采集窗口 按"F2"进行"输入后视点"选择	放样 F1:输入测站点 F2:输入后视点 F3:输入放样点 P↓

续表

含 义	操 作 步 骤	显 示
设置后视点	② 按显示屏幕下方提示的按键按"F3"进入下一步	后视点 点号: XXXX 输入 调用 坐标 回车
	③ 按显示屏幕下方提示对应的按键用"F1"输入 N、E 数值。每一数值输入结束后按 F4 即可进行下一数值的输入。数值输入完毕后按"F4"则进入下一窗口	N: XXXXm E: XXXXm 输入 --- 点名 回车
	④ 按显示屏幕下方提示照准后视点，按"F3"选择"是"。随后系统自动进入放样菜单	后视 H(B) = XXXXXX >照准?[是][否]
设置放样点	① 选择 F3，输入放样点，进入下一屏幕	放样 F1：输入测站点 F2：输入后视点 F3：输入放样点 P↓
	② 按显示屏幕下方提示按"F3"选择按"F1"坐标，进入下一步	放样 点号: XXXXX 输入 调用 坐标 回车
	③ 按显示屏幕下方提示对应的按键用"F1"输入 N、E、Z 数值。每一数值输入结束后按 F4 即可进行下一数值的输入。输入结束后按"F4"回车进入下一步	N: XXXXm E: XXXXm Z: XXXXm 输入 --- 点名 回车
	④ 按显示屏幕下方提示的按键用"F1"输入镜高数据，镜高输入后按"F4"回车下一窗口	镜高: XXXX m 输入 --- ---- 回车
	⑤ 显示放样计算结果。按显示屏幕下方提示的按键用"F1"角度进入角度放样窗口	计算 HR = XXXXXX HD = XXXXXXm 角度 距离 --- ---
点放样	⑥ 转动照准部，当 dHR 为零时，角度放样结束。按显示屏幕下方提示"距离"对应的按键用"F1"进入距离放样窗口	点号 HR = XXXXXX dHD = XXXXXXm 距离 --坐标 --

六、实训注意事项

(1) 放样参数距离保留 3 位小数，角度取 ″ 的整数位。

(2) 采用全站仪自带的放样程序时，后视定向结束后及时进行后视点坐标检查，避免精度超限。

七、实训成果

(1) 极坐标法测设成果填写规范如表 7-24 所示。

表 7-24　极坐标法测设成果表(样表)

控制点	X	Y	放样点	X	Y	放样参数	
						D/m	β/(° ′ ″)
测站点：A	79074.110	31980.892	P_1	79022.110	32020.992	65.623	142 24 38
后视点：B	79225.079	32070.742					
测站点：A	79074.110	31980.892	P_2	79070.993	32016.455	35.699	95 00 32
后视点：B	79225.079	32070.742					
测站点：A	79074.110	31980.892	P_3	79068.494	32003.519	27.213	101 54 35
后视点：B	79225.079	32070.742					
测站点：A	79074.110	31980.892	P_4	79069.744	32011.987	31.400	97 59 33
后视点：B	79225.079	32070.742					

(2) 极坐标法测设成果记录如表 7-25 所示。

表 7-25　极坐标法测设成果记录表

日期：_____　天气：_____　班级：_____　组别：_____

仪器：_____　观测者：_____　记录者：_____　计算者：_____

控制点	X	Y	放样点	X	Y	放样参数	
						D/m	β/(° ′ ″)

八、实训总结

实训操作结果汇报如表 7-26 所示。

表 7-26　实训操作结果汇报表

实训项目	
本组组员	组长：　　　　组员：
是否完成	
实训分工	
实训心得体会	优点/已完成部分/正确点： 缺点/未完成部分/错误点：
未完成的主要原因	

九、教师评价

实训过程性评价如表 7-27 所示。

表 7-27　实训过程性评价表

学习环节	评 分 细 则	第_____组 姓名_____	
		分值	得分
实训过程及成果	操作动作规范，操作程序正确	20	
	按时完成实训项目	10	
	无仪器或工具损坏，无事故发生	20	
	记录规范，无转抄、涂改、抄袭等	20	
	计算准确，精度符合规定要求	10	
	服从组长安排，能配合其他成员工作	10	
	遵守实训纪律	10	

十、实训练习

1. 给定经纬仪和皮尺，应如何进行极坐标法放点？

2. 用极坐标法测设点的平面位置适用于哪种情况？

实训任务 7.6 点的平面位置的测设(直角坐标法)

一、实训目标

1. 知识目标

(1) 掌握用直角坐标法测设点的平面位置。

(2) 掌握直角坐标法放样数据的计算方法。

2. 技能目标

(1) 能够进行直角坐标法测设数据计算。

(2) 能够运用直角坐标法测设点位。

二、实训仪器和工具

全站仪 1 台，三脚架 1 副，反光棱镜 1 个，粉笔 1 支(记号笔 1 支)，铅笔、计算器(自备)，记录板 1 个，必要时自备雨伞 1 把。

三、实训内容

(1) 独立完成直角坐标法放样数据的计算。
(2) 直角坐标法放样的实际操作。

四、实训组织

(1) 每实训小组 4~6 人，小组内分工合作，轮流操作，实训安排为 2 学时。
(2) 准备好实训仪器和工具，相关的参考资料和记录表格。

五、实训方法和步骤

以某单位装配车间为模拟案例，已知 A、B 两点为控制点，车间各拐点坐标数据已知。直角坐标法是根据直角坐标原理进行点位的放样。当建筑施工场地有彼此垂直的主轴线或建筑方格网，待放样的建(构)筑物的轴线平行而又靠近基线或方格网边线时，则可用直角坐标来放样待定点位。直角坐标法测设的具体方法如下。

(1) 用直角坐标法测设点的平面位置如图 7-7 所示，根据 a 点和 c 点的平面坐标，计算装配车间的长度和宽度。

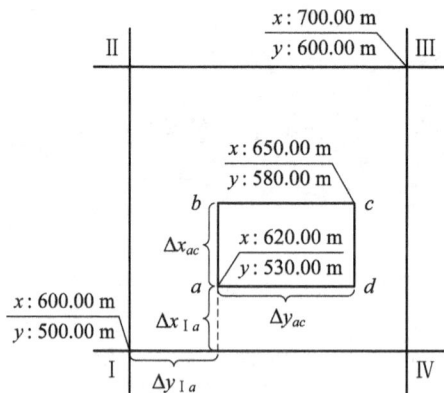

图 7-7   用直角坐标法测设点的平面位置

装配车间的长度 $= y_c - y_a$；装配车间的宽度 $= x_c - x_a$。
(2) 计算 a 点的测设数据(Ⅰ点与 a 点的纵横坐标之差)：

$$\Delta y_{Ia} = y_a - y_I \tag{7-11}$$

$$\Delta x_{Ia} = x_a - x_I \tag{7-12}$$

(3) 在 I 点架设全站仪，对中，整平；反光棱镜安置在 Ⅳ 点，对中，整平。

(4) 将全站仪望远镜瞄准 Ⅳ 点的反光棱镜，确定方向，并沿着该方向测设距离 Δy_{Ia}，确定 1 号点。

(5) 将全站仪搬至 1 号点，对中、整平。仍瞄准Ⅳ点的反光棱镜，逆时针方向测设 90°角，确定方向后，沿该方向从 1 号点测设距离 Δx_{Ia}，即得 a 点。

(6) 继续沿此方向，从 1 号点测设距离 Δx_{Ia} + 装配车间的宽度，即得到 b 点。

(7) 同法测设出 d 点和 c 点。

(8) 检查装配车间的四角是否等于 90°，各边是否等于设计长度，而最常用的检核方法是测量两条对角线长度的差值，并确保误差在容许范围之内。将计算成果整理至相应的表格中。

六、实训注意事项

测设后应及时检查装配车间的四角是否等于 90°，边长是否等于设计长度。

七、实训成果

(1) 直角坐标法测设成果填写规范如表 7-28 所示。

表 7-28　直角坐标法测设成果表(样表)

测设内容	计算值/m	备注
建筑物长度	50.000	
建筑物宽度	30.000	
Δy_{Ia}	30.000	
Δx_{Ia}	20.000	

(2) 直角坐标法测设成果如表 7-29 所示。

表 7-29　直角坐标法测设成果表

日期：＿＿＿＿＿　　天气：＿＿＿＿＿　　班级：＿＿＿＿＿　　组别：＿＿＿＿＿

仪器：＿＿＿＿＿　　观测者：＿＿＿＿＿　　记录者：＿＿＿＿＿　　计算者：＿＿＿＿＿

测设内容	计算值/m	备注
建筑物长度		
建筑物宽度		
Δy_{Ia}		
Δx_{Ia}		

八、实训总结

实训操作结果汇报如表 7-30 所示。

表 7-30　实训操作结果汇报表

实训项目	
本组组员	组长：　　　　　组员：
是否完成	
实训分工	
实训心得体会	优点/已完成部分/正确点： 缺点/未完成部分/错误点：
未完成的主要原因	

九、教师评价

实训过程性评价如表 7-31 所示。

表 7-31　实训过程性评价表

学习环节	评 分 细 则	第_____组 姓名_____	
		分值	得分
实训过程及成果	操作动作规范，操作程序正确	20	
	按时完成实训项目	10	
	无仪器或工具损坏，无事故发生	20	
	记录规范，无转抄、涂改、抄袭等	20	
	计算准确，精度符合规定要求	10	
	服从组长安排，能配合其他成员工作	10	
	遵守实训纪律	10	

十、实训练习

1. 写出图 7-7 中测设 c、d 的具体步骤。

2. 用直角坐标法测设点的平面位置适用于哪种情况？

实训项目八　线路工程测量

实训任务 8.1　圆曲线的测设(偏角法)

一、实训目标

1. 知识目标

(1) 掌握圆曲线要素的计算方法。

(2) 掌握圆曲线三主点的测设方法。

(3) 掌握用偏角法测设圆曲线细部的方法。

2. 技能目标

(1) 能够独立计算圆曲线要素。

(2) 能够运用偏角法测设圆曲线的细部。

二、实训仪器和工具

经纬仪 1 台，钢尺 1 把，木桩和小钉各 10 个，标杆 3 根，铅笔、计算器(自备)，记录板 1 个，必要时自备雨伞 1 把。

三、实训内容

(1) 计算曲线要素：切线长 T、曲线长 L、外矢距 E 及切曲差 q。

(2) 计算曲线三主点的里程。

(3) 计算细部点的偏角值。

(4) 测设圆曲线的三主点。

(5) 用偏角法测设圆曲线的细部。

四、实训组织

(1) 每实训小组 4～6 人，小组内分工合作，轮流操作，实训安排为 4 学时。

(2) 准备好实训仪器和工具，相关的参考资料和记录表格。

五、实训方法和步骤

1. 测设圆曲线的三主点

(1) 根据场地实际情况，选定适宜的半径。在实训老师的指导下，现场选定交点(JD)的位置并观测转向角 α。转向角的观测步骤如下。

在开阔的实训场地定出路线的 4 个交点(JD$_4$、JD$_5$、JD$_6$，JD$_7$)，并在所选点上用木桩标定其位置，图 8-1 所示为线路交点示意图。此项任务由指导教师带领部分学生进行。

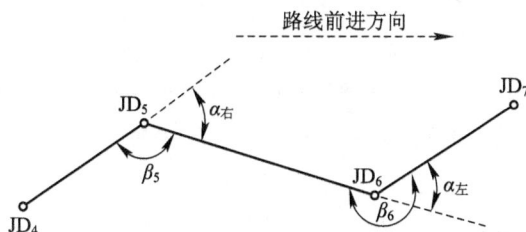

图 8-1　线路交点示意图

在 JD$_5$ 安置全站仪，对中且整平，用测回法观测出 β_5，并计算出转角 $\alpha_右$。$\alpha_右$的计算公式如下：

$$\alpha_右 = 180° - \beta_5$$

在 JD$_6$ 安置全站仪，对中且整平，用测回法观测出 β_6，并计算出转角 $\alpha_左$。$\alpha_左$的计算公式如下：

$$\alpha_左 = \beta_5 - 180°$$

(2) 计算曲线要素：切线长 T、曲线长 L、外矢距 E 及切曲差 q。

$$T = R \tan\alpha$$

$$L = R\alpha \frac{\pi}{180°}$$

$$E = R\left(\sec\frac{\alpha}{2} - 1\right)$$

$$q = 2T - L$$

(3) 计算三主点的里程：

$$起点 \text{ZY} 的里程 = 交点 \text{JD} 的里程 - T$$

$$中点 \text{QZ} 的里程 = 起点 \text{ZY} 的里程 + \frac{L}{2}$$

$$终点 \text{YZ} 的里程 = 起点 \text{ZY} 的里程 + L$$

(4) 曲线三主点的测设。

圆曲线如图 8-2 所示，在交点 JD 安置经纬仪，对中、整平后分别瞄准 JD$_1$、JD$_2$ 方向并测设切线长 T，得到曲线起点 ZY(直圆点)和终点 YZ(圆直点)，并打木桩和小钉标识；在 JD 上后视 JD$_1$ 点，拨角得角分线方向，沿此方向放样外矢距 E，得 QZ 点，并打木桩和小钉标识。

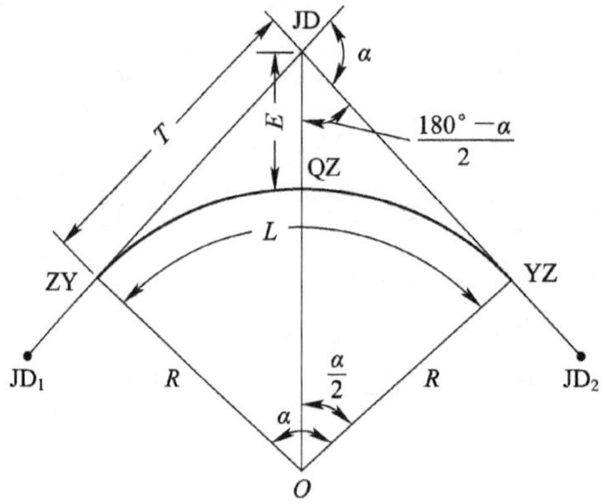

图 8-2 圆曲线示意图

2. 偏角法测设圆曲线的细部点

(1) 计算圆曲线的偏角、弦长及弦弧差。

偏角
$$\delta_i = \frac{\varphi_i}{2} = \frac{l_i}{2R}\frac{180^\circ}{\pi}$$

弦长
$$c = 2R\sin\frac{\varphi}{2} = 2R\sin\delta$$

弦弧差
$$\varDelta = c - l = -\frac{l^3}{24R^2}$$

(2) 用偏角法测圆曲线如图 8-3 所示，在 ZY 点安置经纬仪，瞄准 JD 点，并将水平度盘设置为 $0\degree\,00'\,00''$。

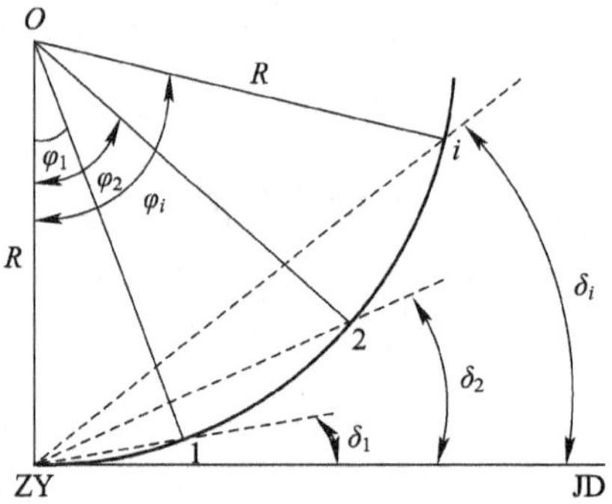

图 8-3 偏角法测圆曲线

(3) 转动照准部，使水平度盘读数为 δ_1，自 ZY 点起沿视线方向测设弦长 c 得到点 1，并用木桩和小钉临时标识。

(4) 继续转动照准部，使水平度盘读数为 δ_2，从点 1 开始量弦长 c，与视线方向相交得到点 2，并用木桩和小钉临时标识。

(5) 同法放出其他点，直到 QZ 点。

(6) 测定放样闭合差，闭合差一般不应超过如下规定：

横向误差(半径方向)不超过 ± 0.1 m；

纵向误差(切线方向)不超过 $L/1000$(L 为曲线总长)。

(7) 在闭合差符合要求时，根据各点距 ZY(或 YZ)的距离的比例关系调整点位，并用木桩最终标定。

六、实训注意事项

(1) 如果曲线的半径较大(一般认为大于 300 m)，细部上等分的弧长较短，用弦长代替弧长的误差很小，可以忽略不计，则放样时可用弦长代替弧长，不必进行弦弧差的改正。

(2) 如果曲线较长，为了缩短视线长度，提高测设精度，则可从 ZY 点和 YZ 点分别向 QZ 点测设，在 QZ 点处进行检核，闭合差符合规定时再进行调整。

七、实训成果

(1) 圆曲线的测设(偏角法)填写规范如下，偏角法细部点测设数据计算样表如表 8-1 所示。

圆曲线要素示例：

$$T = 68.72 \text{ m}，L = 135.10 \text{ m}，E = 7.77 \text{ m}，q = 2.34 \text{ m}$$

主点里程的计算示例：

交点 JD 的里程$(K_3 + 182.76) - T$

= 起点 ZY 的里程$(K_3 + 114.04) + L/2$

= 中点 QZ 的里程$(K_3 + 181.59) + L/2$

= 终点 YZ 的里程$(K_3 + 249.14)$

表 8-1　偏角法细部点测设数据计算表(样表)

曲线桩号	偏角值/(° ′ ″)	各点位至 ZY 点弧长/m	相邻桩点间弧长/m
ZY $K_3 + 114.04$	0 00 00	0.00	5.96
P_1 $K_3 + 120$	0 34 09	5.96	20
P_2 $K_3 + 140$	2 28 44	25.95	20
P_3 $K_3 + 160$	4 23 20	45.92	20
P_4 $K_3 + 180$	6 17 55	65.82	1.59
QZ $K_3 + 181.59$	6 27 02	67.41	

(2) 圆曲线的测设(偏角法)记录如下，偏角法细部点测设数据计算如表 8-2 所示。

日期：_____　天气：_____　班级：_____　组别：_____

仪器：_____　观测者：_____　记录者：_____　计算者：_____

圆曲线要素的计算：

$T = $ _____　　$L = $ _____

$E = $ _____　　$q = $ _____

主点里程的计算：

$$\begin{aligned}
\text{交点 JD 的里程} &\quad \underline{}\text{)} - T \\
= \text{起点 ZY 的里程} &\quad (\underline{}) + L/2 \\
= \text{中点 QZ 的里程} &\quad (\underline{}) + L/2 \\
= \text{终点 YZ 的里程} &\quad (\underline{})
\end{aligned}$$

表 8-2　偏角法细部点测设数据计算表

曲线桩号	偏角/(° ′ ″)	各点位至 ZY 点弧长/m	相邻桩点间弧长/m

八、实训总结

实训操作结果汇报如表 8-3 所示。

表 8-3　实训操作结果汇报表

实训项目	
本组组员	组长：　　　　组员：
是否完成	
实训分工	
实训心得体会	优点/已完成部分/正确点： 缺点/未完成部分/错误点：
未完成的主要原因	

九、教师评价

实训过程性评价如表 8-4 所示。

表 8-4 实训过程性评价表

学习环节	评 分 细 则	第_____组 姓名_____	
		分值	得分
实训过程及成果	操作动作规范，操作程序正确	20	
	按时完成实训项目	10	
	无仪器或工具损坏，无事故发生	20	
	记录规范，无转抄、涂改、抄袭等	20	
	计算准确，精度符合规定要求	10	
	服从组长安排，能配合其他成员工作	10	
	遵守实训纪律	10	

十、实训练习

1. 圆曲线测设用到了哪些基础放样？

2. 简述圆曲线测设需要哪些已知条件？

实训任务 8.2 线路中线测量

一、实训目标

1. 知识目标

(1) 熟悉全站仪的操作方法。

(2) 理解线路中线测量中的符号表达。

(3) 掌握道路中线的测设理论。

2. 技能目标

(1) 进一步熟悉圆曲线各元素的计算方法。

(2) 掌握线路中线测设的方法和步骤。

二、实训仪器和工具

全站仪 1 台，三脚架 1 副，对中杆 1 根，反光棱镜 1 个，铅笔、计算器(自备)，记录板 1 个，必要时自备雨伞 1 把。

三、实训内容

(1) 测量道路转角。

(2) 计算曲线元素和主点里程。

(3) 计算各中桩的支距。

(4) 进行中桩的测设。

四、实训组织

(1) 每实训小组 4～6 人，小组内分工合作，轮流操作，实训安排为 4 学时。

(2) 准备好实训仪器和工具，相关的参考资料和记录表格。

五、实训方法、步骤及技术规范

1. 实训方法与步骤

(1) 在开阔的实训场地上选定 JD_1、JD_2、JD_3 的位置，使 JD_2 上的转角约为 30°～

40°，相邻交点之间的距离不小于 100 m。

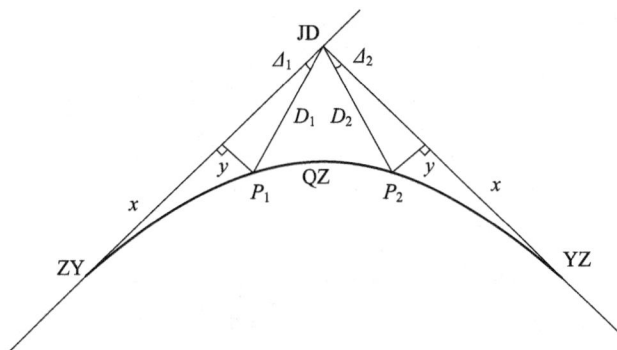

图 8-4 线路中线测量示意图

(2) 仪器参数设置：

① 设定距离单位为 m；

② 设定角度单位为六十进制，设定角度的小数位数为 4 位(最小显示为 1″)；

③ 输入温度与气压值，单位与所用气压计的单位一致；

④ 输入全站仪的棱镜常数与测距常数；

⑤ 根据测区的高程，计算格网因子并输入仪器(因为格网因子在放样过程中对结果的影响较大)。

(3) 全站仪置于 JD_2 上，瞄准 JD_1 和 JD_3 观测右角 $\beta_右$，计算转角 $\alpha_右$。

(4) 假定 JD_2 上的半径 R 和交点里程(此项工作可由指导教师协助进行)，计算曲线元素和主点里程。

(5) 以整桩号法在桩距 20 m 加桩，用切线支距法计算各中桩的支距(x, y)。

(6) 计算图所示角度 Δ 和距离 D。

$$\Delta = \text{arctg} \frac{y}{T-x}, \quad D = \sqrt{(T-x)^2 + y^2}$$

(7) 仪器后视 JD_1，水平度盘归零，拨角 Δ，在视准轴方向测量距离 D，即可得到桩位。

(8) 重复上述步骤，在地面上所有的中桩放样。

(9) 当测完所有中桩后，目测所有中桩构成的圆曲线是否顺适，并丈量相邻桩间的弦长进行校核。

2．技术规范

(1) 线路定测放线测量应符合下列规定：

① 作业前，应收集初测导线或航测外控点的测量成果，并应对初测高程控制点逐一检测。高程检测较差不应超过 $30\sqrt{L}$ mm(L 为检测线路长度，单位：km)；

② 放线测量应根据图纸上定线线位，采用极坐标法、拨角法、支距法或 GPS-RTK 法进行；

③ 线路中线测量，应与初测导线、航测外控点或 GPS 点联测。联测间隔宜为 5 km，特殊情况下不应大于 10 km。线路联测闭合差不应大于表 8-5 所示的限差。

表 8-5   中线联测闭合差的限差

线 路 名 称	方位角闭合差/(″)	相对闭合差
铁路、一级及以上公路	$30\sqrt{n}$	1/2000
二级及以下公路	$60\sqrt{n}$	1/1000

注：n 为测站数；计算相对闭合差时，长度采用初、定测闭合环长度。

(2) 定测中线桩位测量应符合下列规定：

① 线路中线上，应设立线路起点和终点桩、千米桩、百米桩、平曲线控制桩、桥梁或隧道轴线控制桩、转点桩和断链桩，并根据竖曲线的变化适当加桩；

② 线路中线桩的间距，直线部分不应大于 50 m，平曲线部分宜为 20 m。当铁路曲线半径大于 800 m，且地势平坦时，线桩间距可为 40 m。当公路曲线半径为 30~60 m，缓和曲线长度为 30~50 m 时，线桩间距不应大于 10 m；曲线半径和缓和曲线长度小于 30 m 或在回头曲线段，中线桩间距不应大于 5 m；

③ 中线桩位测量误差：直线段不应超过表 8-6 所示的规定；曲线段不应超过表 8-7 所示的规定；

④ 断链桩应设立在线路的直线段，不得在桥梁、隧道、平曲线、公路立交或铁路车站范围内设立。

表 8-6   中线桩位测量的限差要求

线 路 名 称	纵向误差/m	横向误差/cm
铁路、一级及以上公路	$\dfrac{S}{2000}+0.1$	10
二级及以下公路	$\dfrac{S}{1000}+0.1$	10

注：S 为转点桩至中线桩的距离，单位为 m。

表 8-7   曲线段中线桩位测量闭合差限差

线 路 名 称	纵向相对闭合差/m		横向闭合差/cm	
	平地	山地	平地	山地
铁路、一级及以上公路	1/2000	1/1000	10	10
二级及以下公路	1/1000	1/500	10	15

六、实训注意事项

(1) 全站仪是十分贵重的精密仪器，使用过程中要十分小心，以防损坏。

(2) 不能将望远镜直接对向太阳，阳光较强时要给全站仪打伞。

(3) 在测距方向上不能有其他反光物体(如其他棱镜、水银镜面、玻璃等)，以免影响测量结果。

(4) 用单棱镜放样时，应使棱镜对中杆上的圆水准器居中。

（5）长时间处于测距状态耗电较多，因此应在棱镜接近于实际桩位时再启动距离测量。

（6）外业工作中应配有备用电池，以防电池不够用而影响工作。

（7）需要顺时针拨角时，将水平度盘置于"HR"；需要逆时针拨角时，将水平度盘置于"HL"。

（8）在 ZY—QZ 段，仪器后视 JD_1；在 QZ—YZ 段，仪器后视 JD_2。

（9）全站仪点放样的详细操作步骤可参见附录。

（10）测量距离 D 时，根据实际测量距离与计算距离的差值，可用小钢尺或皮尺协助以便快速找到桩位。

七、实训成果

（1）实训样表参照实训任务 8.1 中的表 8-1。

（2）放样道路中线数据记录如表 8-8 所示。

表 8-8　放样道路中线数据记录表

日期：_____　天气：_____　班级：_____　组别：_____0

仪器：_____　观测者：_____　记录者：_____　计算者：_____0

曲线元素	$\alpha=$　　　　$R=$				
	$T=$　　　$L=$　　　$E=$　　　$D=$				
主点里程	ZY：　　　QZ：　　　YZ：				
详细测设数据					
区间	桩号	x	y	β	D
ZY—QZ					

续表

区间	桩号	x	y	β	D
QZ—YZ					

道路中线示意图

八、实训总结

实训操作结果汇报如表 8-9 所示。

表 8-9 实训操作结果汇报表

实训项目	
本组组员	组长： 组员：
是否完成	
实训分工	
实训心得体会	优点/已完成部分/正确点： 缺点/未完成部分/错误点：
未完成的主要原因	

九、教师评价

实训过程性评价如表 8-10 所示。

表 8-10 实训过程性评价表

学习环节	评分细则	第_____组 姓名_____	
		分值	得分
实训过程及成果	操作动作规范，操作程序正确	20	
	按时完成实训项目	10	
	无仪器或工具损坏，无事故发生	20	
	记录规范，无转抄、涂改、抄袭等	20	
	计算准确，精度符合规定要求	10	
	服从组长安排，能配合其他成员工作	10	
	遵守实训纪律	10	

十、实训练习

1. 写出转角计算公式。

2. 写出圆曲线三主点里程计算方法。

实训任务 8.3 线路的纵断面测量

一、实训目标

1. 知识目标

(1) 理解道路纵断面的测量方法。

(2) 掌握纵断面的绘制步骤。

(3) 熟悉道路纵断面测量的相关技术规范。

2. 技能目标

(1) 熟悉道路纵断面的绘制方法。

(2) 掌握运用水准测量方法进行线路纵横断面测量。

二、实训仪器和工具

DS3 自动安平水准仪 1 台，三脚架 1 副，水准尺 1 对(2 根)，尺垫 2 个，铅笔、计算器(自备)，记录板 1 个，必要时自备雨伞 1 把。

三、实训内容

(1) 进行道路的基平测量。

(2) 进行道路的中平测量。

(3) 绘制道路的纵断面图。

四、实训组织

(1) 每实训小组 4～6 人，小组内分工合作，轮流操作，实训安排为 8 学时。

(2) 准备好实训仪器和工具，相关的参考资料和记录表格。

五、实训方法和步骤

在实训场地或者校内选择一条地势有起伏的道路(道路长度应满足 1～2 个水准点的布设，且道路的起止位置应有已知高程控制点)，在该条道路上每隔 20 m 布设中桩。

1. 基平测量(高程控制测量)

(1) 沿实训道路布设临时水准点，相邻水准点间隔 1 km，水准点应靠近线路，并布设在施工干扰范围以外。已知高程控制点和待测水准点构成附合水准路线。

(2) 采用四等水准测量方法，施测方法详见实训任务 1.3。外业成果合格后进行平差计算，获得各临时水准点的高程。各级公路及构造物的水准测量等级的选择参照表 8-11。

表 8-11　公路及构造物的水准测量等级

测 量 项 目	等级	水准路线最大长度/km
4000 m 以上特长隧道、2000 m 以上特大桥	三等	50
高速公路、一级公路、1000～2000 m 特大桥、2000～4000 m 长隧道	四等	16
二级及二级以下公路、1000 m 以下桥梁、2000 m 以下隧道	五等	10

2. 道路中平测量

分段采用附合水准路线的布设形式，采用普通水准测量观测相邻两水准点之间的中桩高程。

(1) 从起始高程控制点出发，在距起点适合的位置设置第一个转点 TP1(线长一般不应超过 150 m)，将仪器安置在起点 BM1 和 TP1 之间，如图 8-5 所示为中平测量示意图。

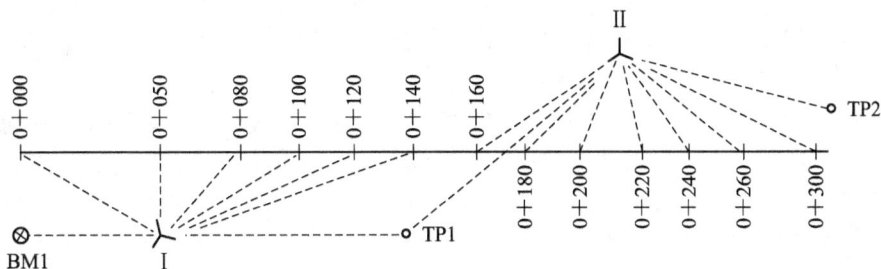

图 8-5　中平测量示意图

(2) 水准仪望远镜瞄准 BM1 的水准尺，观测后视读数并记录。

(3) 转动望远镜，瞄准 TP1 的水准尺，读取转点读数并记录。

(4) 观测 0+000、0+050、0+080、0+100、0+120、0+140 等中桩的水准尺读数并记录。

(5) 将仪器搬至Ⅱ号点位，以 TP1 为后视点，TP2 为前视点，重复步骤(2)～(4)，完成 0+160、0+180、0+200、0+220、0+240、0+260、0+300 等中桩点的测量。同法继续向前测量，直到下一个水准点 BM2，则完成了一测段的观测工作。

(6) 每一测站的各项按下式依次计算：

$$视线高程 = 后视点高程 + 后视读数$$

$$转点高程 = 视线高程 - 前视读数$$

$$中桩高程 = 视线高程 - 中间读数$$

各站将记录数据计算后，应及时计算各点的高程，直至下一个水准点为止，并计算高差闭合差 f_h，若 $f_h \leqslant f_{h容}$，则符合要求。在线路高差闭合差符合要求的情况下，可不进行高差闭合差的调整，直接以原计算的各中桩点高程作为绘制纵断面图的数据。

3. 纵断面图的绘制

纵断面图以距离(里程)为横坐标，高程为纵坐标，按规定的比例尺标出外业所测各点，依次连接各点则得到线路中线的地面线。为了明显表示地势变化，纵断面图的高程比例尺通常比距离比例尺大 10～20 倍。纵断面图水平轴和垂直轴的比例尺可参照表 8-12。

表 8-12　线路纵断面图比例尺

带状地形图比例尺	铁　路		公　路	
	水平轴	垂直轴	水平轴	垂直轴
1∶1000	1∶1000	1∶100～1∶50	—	—
1∶2000	1∶2000	1∶200～1∶100	1∶2000	1∶200～1∶100
1∶5000	1∶10 000	1∶1000～1∶500	1∶5000	1∶500～1∶250

道路纵断面绘制方法如下：

(1) 桩号：自左向右按规定的距离比例尺标注各中桩的桩号，其位置为纵断面图上各中桩对应的横坐标。

(2) 地面高程：在各中桩桩号对应的位置上，标注地面高程，并在纵断面图上按各中桩的地面高程依次绘制其相应位置，用细直线连接各相邻点位，即得线路中线方向的地面线。

(3) 坡度与距离：在所绘出的地面线的基础上进行纵坡设计。设计时，要考虑施工时土石方工程量最小，填挖方尽量平衡及小于限制坡度等道路有关技术规定。坡度设计后，在坡度与距离栏内分别用斜线或水平线表示设计坡度的方向，不同坡度的路段以竖线分隔，上升的斜线表示上坡，下降的斜线表示下坡，水平线表示平坡，在线上方注记坡度数值(以百分比表示)，下方注记坡长。

(4) 设计高程：此栏内分别填写各中桩的设计高程，中桩设计高程的计算式为

$$中柱设计高程 = 起点高程 + 设计坡度 \times 该点至起点的水平距离$$

(5) 填挖高度：此栏中填写各中桩的填挖高度，即

$$填挖高度 = 设计高程 - 地面高程$$

正号为填土高度，负号为挖土深度。

(6) 直线与曲线：应按里程桩号标明线路的直线部分和曲线部分，直线段用水平线表示，曲线部分用直角折线表示，上凸表示线路右偏，下凹表示线路左偏，并在凸出或凹进的线内标注交点编号及桩号、曲线半径 R、转角 $\varDelta$、切线长 T、曲线长 L、外矢距 E 等曲线要素。图 8-6 所示为纵断面示意图。

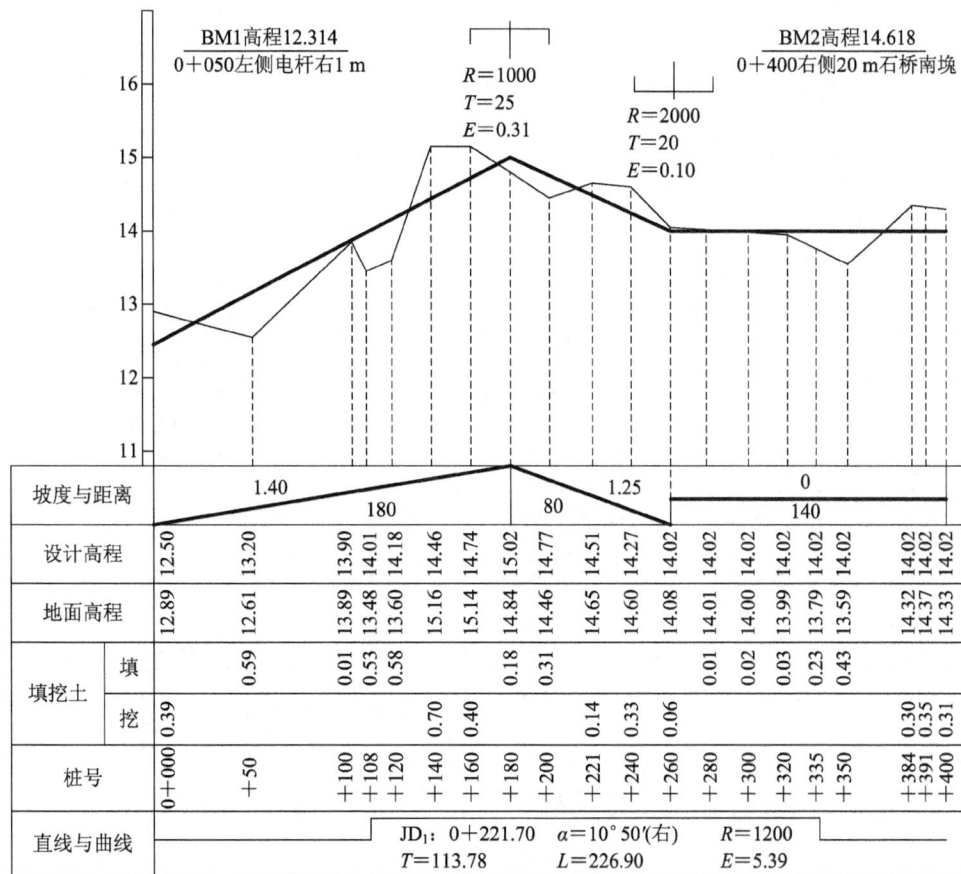

图 8-6 线路纵断面示意图

六、实训注意事项

(1) 实训时间较长，布设的临时水准点应做好标记，且易于保存，便于下次测量。

(2) 基平测量要严格按照规定等级的水准测量，测量成果要符合技术规范。

(3) 中平测量应先测转点，再测中桩。

七、实训成果

(1) 线路纵断面水准(中平)测量记录填写规范如表 8-13 所示。

表 8-13　线路纵断面水准(中平)测量记录表(样表)

测站	点号	水准尺读数/m			视线高/m	测点高/m	备注
		后视	中间视	前视			
1	BM1	2.191			14.506	12.315	已知点
	0+000		1.62			12.89	
	0+050		1.90			12.61	
	0+0100		0.62			13.89	ZY1
	0+108		1.03			13.48	
	0+120		0.91			13.60	
	TP1			1.007		13.499	
2	TPI	2.162			15.661	13.499	
	0+140		0.50			15.16	
	0+160		0.52			15.14	
	0+180		0.82			14.84	
	0+200		1.20			14.46	
	0+221		1.01			14.65	QZ1
	0+240		1.06			14.60	
	TP2			0.521		14.140	

(2) 线路纵断面水准(中平)测量记录如表 8-14 所示。

表 8-14　线路纵断面水准(中平)测量记录表

日期：_____　　天气：_____　　班级：_____　　组别：_____

仪器：_____　　观测者：_____　　记录者：_____　　计算者：_____

测站	点号	水准尺读数/m			视线高/m	测点高/m	备注
		后视	中间视	前视			

测站	点号	水准尺读数/m			视线高/m	测点高/m	备注
		后视	中间视	前视			

实训道路纵断面图绘制：

八、实训总结

实训操作结果汇报如表 8-15 所示。

表 8-15　实训操作结果汇报表

实训项目	
本组组员	组长:　　　　组员:
是否完成	
实训分工	
实训心得体会	优点/已完成部分/正确点: 缺点/未完成部分/错误点:
未完成的主要原因	

九、教师评价

实训过程性评价如表 8-16 所示。

表 8-16　实训过程性评价表

学习环节	评 分 细 则	第＿＿＿＿组 姓名＿＿＿＿	
		分值	得分
实训过程及成果	操作动作规范,操作程序正确	20	
	按时完成实训项目	10	
	无仪器或工具损坏,无事故发生	20	
	记录规范,无转抄、涂改、抄袭等	20	
	计算准确,精度符合规定要求	10	
	服从组长安排,能配合其他成员工作	10	
	遵守实训纪律	10	

十、实训练习

1. 简述道路中平测量。

2. 线路纵断面绘制有哪些注意事项？

实训任务8.4　线路的横断面测量

一、实训目标

1. 知识目标
(1) 理解道路横断面的测量方法。
(2) 掌握横断面的绘制步骤。
(3) 熟悉道路横断面测量的相关技术规范。

2. 技能目标
(1) 熟悉道路横断面的绘制方法。
(2) 掌握线路纵横断面测量的步骤。

二、实训仪器和工具

DS3 自动安平水准仪 1 台，全站仪 1 台，三脚架 2 副，水准尺 1 对(2 根)，对中杆 1 个，反光棱镜 1 个，方向架 1 个，皮尺 1 根，标杆 3～5 根，铅笔、计算器(自备)，记录板 1 个，必要时自备雨伞 1 把。

三、实训内容

(1) 进行道路横断面方向的测设。

(2) 进行道路横断面的测量。

(3) 绘制道路的横断面图。

四、实训组织

(1) 每实训小组 4~6 人，小组内分工合作，轮流操作，实训安排为 4 学时。

(2) 准备好实训仪器和工具，相关的参考资料和记录表格。

五、实训方法和步骤

选取实训 8.4 中的一段道路，进行道路横断面测量及绘制。

1. 横断面方向的测设

(1) 道路中线为直线段时的测设。

① 方向架法：方向架如图 8-7 所示。当线路中线为直线段时，将方向架立于要测设横断面的中桩上，用方向架的一个方向瞄准中线方向上的另一个中桩，则另一方向所指即为横断面方向。

② 经纬仪或全站仪法：当线路中线为直线段时，在需测设横断面的中桩上安置仪器，瞄准中线方向，测设 90° 角，即得横断面方向。

(2) 道路中线为曲线段时的测设。

① 方向架法：用方向架测设圆曲线的横断面方向如图 8-8 所示。当线路中线为圆曲线时，首先在圆曲线起点 ZY 处安置经纬仪或全站仪，后视切线方向，测设 90° 角，则得 P_0 点的横断方向；然后测出水平角 $\angle P_1P_0O$ 的大小，再将仪器搬至 P_1 点，瞄准 P_0 点，使得 $\angle P_0P_1O = 360° - \angle P_1P_0O$，则得 P_1 点的横断面方向。同法可定出其他各点的横断面方向。

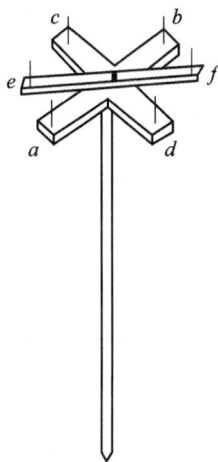

图 8-7　方向架

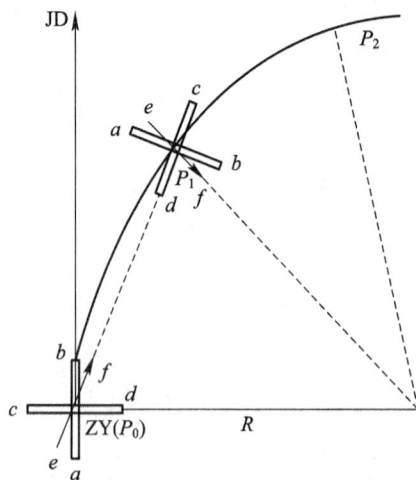

图 8-8　用方向架测设圆曲线的横断面方向

② 经纬仪或全站仪法：当线路中线为圆曲线时，首先在圆曲线起点 ZY 处安置经纬仪或全站仪，后视切线方向，测设 90° 角，则得 P_0 点的横断方向；然后测出水平角

$\angle P_1 P_0 O$ 的大小，再将仪器搬至 P_1 点，瞄准 P_0 点，使得 $\angle P_0 P_1 O = 360° - \angle P_1 P_0 O$，则得 P_1 点的横断面方向。同法可定出其他各点的横断面方向。

2. 横断面的测量

测出横断面方向上各地形特征点至中桩的水平距离及高差，即可获得各地形特征点的位置和高程。道路横断面宽度一般为中线两侧各测 15～50 m，距离和高程的读数准确至 0.1 m 即可。横断面测量的方法通常有以下几种。

① 水准仪皮尺法：图 8-9 所示为水准仪皮尺法测量横断面的示意图。水准仪安置后，以中桩点为后视，以中桩两侧横断面方向上各地形特征点为中视，读数至厘米。用皮尺分别量出各特征点至中桩的水平距离，可量至分米。

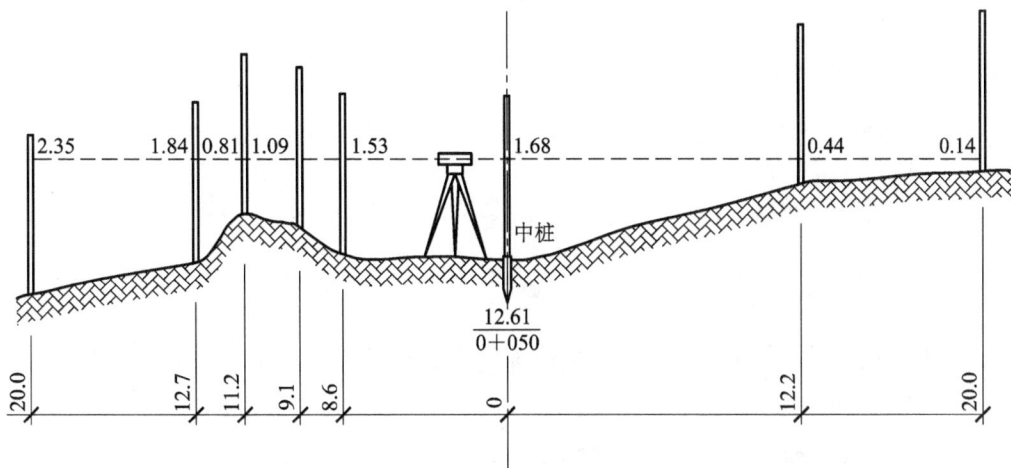

图 8-9　水准仪皮尺法测量横断面

② 标杆皮尺法：图 8-10 所示为标杆皮尺法测量横断面的示意图。在横断面方向的各特征点上依次立标杆，皮尺紧靠中桩并将标杆拉平，在皮尺上读取两点间的水平距离，在标杆上直接测出两点间的高差，直至所需宽度为止，并将横断面测量数据记入相应表格中。

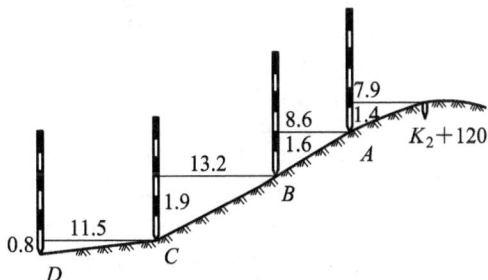

图 8-10　标杆皮尺法测量横断面

③ 经纬仪视距法：将经纬仪安置在中桩上，定出横断面方向，量取仪器高，用视距测量方法测出各地形特征点至中桩的水平距离和高差。此法可用于地形复杂、横坡较陡的地区。

④ 全站仪法：利用全站仪的"对边测量"功能，测出横断面上各点相对中桩的水平距离和高差，或直接测定中桩至各地形特征点的水平距离和高差。

3.横断面图的绘制

在毫米方格纸上绘制横断面图,以中线地面高程为准,以水平距离为横坐标,高程为纵坐标,绘出各地面特征点,依次连接各点便成地面线。为了便于计算面积,横断面图的高程和水平距离宜采用相同的比例尺,一般采用1∶100或1∶200。图 8-11 所示为横断面示意图。横断面图绘出后,可根据纵断面图上该中桩的设计高程,将路基断面设计线画在横断面图上。

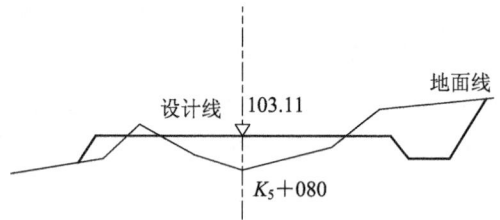

图 8-11　横断面图

六、实训注意事项

(1) 线路横断面的测量方法较多,根据测量方法提前确认借用仪器和工具的类型和数量。

(2) 道路横断面测量完成后,应及时整理数据,绘制断面图。

七、实训成果

(1) 水准仪皮尺法测量横断面记录填写规范如表 8-17 所示,标杆皮尺法测量横断面记录填写规范如表 8-18 所示。

表 8-17　水准仪皮尺法测量横断面记录表(样表)

测站	地形点距中桩距离/m	后视读数/m	中视读数/m	视线高程/m	高程/m
1	K_0+050	1.68		14.29	12.61
	左+6.8		1.53		12.76
	左+9.1		1.09		13.2
	左+11.2		0.81		13.48
	左+12.7		1.84		12.45
	左+20.0		2.35		11.94
	右+12.2		0.44		13.85
	右+20.0		0.14		14.15

表 8-18　标杆皮尺法测量横断面记录样表

$\dfrac{相邻两点间高差}{相邻两点间距离}$(左侧)/m	桩号	$\dfrac{相邻两点间高差}{相邻两点间距离}$(右侧)/m
$\dfrac{-0.8}{11.5}$ $\dfrac{-1.9}{13.2}$ $\dfrac{-1.6}{8.6}$ $\dfrac{-1.4}{7.9}$	K_2+120	$\dfrac{-1.1}{4.8}$ $\dfrac{-0.9}{6.3}$ $\dfrac{-1.2}{12.7}$ $\dfrac{-0.4}{4.4}$

(2) 水准仪皮尺法测量横断面记录如表 8-19 所示,标杆皮尺法测量横断面记录如表

8-20 所示，并将实训道路横断面绘制在表 8-21 中。

表 8-19　水准仪皮尺法测量横断面记录表

日期：_____　　　天气：_____　　　班级：_____　　　组别：_____

仪器：_____　　　观测者：_____　　　记录者：_____　　　计算者：_____

测站	地形点距中桩距离/m	后视读数/m	中视读数/m	视线高程/m	高程/m

表 8-20　标杆皮尺法测量横断面记录表

$\dfrac{\text{相邻两点间高差}}{\text{相邻两点间距离}}$ (左侧)/m	桩号	$\dfrac{\text{相邻两点间高差}}{\text{相邻两点间距离}}$ (右侧)/m

表 8-21　实训道路横断面的绘制

实训道路横断面：

八、实训总结

实训操作结果汇报如表 8-22 所示。

表 8-22　实训操作结果汇报表

实训项目	
本组组员	组长：　　　　组员：
是否完成	
实训分工	
实训心得体会	优点/已完成部分/正确点： 缺点/未完成部分/错误点：
未完成的主要原因	

九、教师评价

实训过程性评价如表 8-23 所示。

表 8-23　实训过程性评价表

学习环节	评　分　细　则	第_____组 姓名_____	
		分值	得分
实训过程及成果	操作动作规范，操作程序正确	20	
	按时完成实训项目	10	
	无仪器或工具损坏，无事故发生	20	
	记录规范，无转抄、涂改、抄袭等	20	
	计算准确，精度符合规定要求	10	
	服从组长安排，能配合其他成员工作	10	
	遵守实训纪律	10	

十、实训练习

1. 线路横断面测量的要素有哪些？

2. 简述线路工程测量意义。

第三部分

综 合 实 训

实训项目九　测量综合实训安排

一、实训任务说明

(1) 综合实训指导书是按 2～4 周的实训时间编制的，若本单位的计划实训时间少于 2 周，请酌情减少实训内容。

(2) 各校仪器设备条件存在较大差异，本指导书以菜单方式列出实训项目内容，教师可根据本单位仪器设备的实际情况选择。例如，测绘大比例尺地形图的方法可以选择全站仪测记法或量角器配合经纬仪视距测量法，建筑物放样可以选择全站仪数字化放样或经纬仪钢尺量距法放样。

(3) 房屋建筑类专业可以不选择路线曲线放样，路桥专业是否选择建筑物的放样，请教师酌情考虑。

二、实训准备与实训基地建设

实训基地建设应在测量实训开始前，由教师组织部分学生完成。为便于解决学生的食宿，实训基地宜选择在本校内；本校面积太小时，应在学校附近建立实训基地。

教师应在实训基地范围内均匀布设一级或二级光电导线网(或 GNSS 网)，作为测量实训的首级控制网。控制网应采用严密平差法平差。控制网的平面坐标系与高程系宜与所在城市的相同，不宜建立独立坐标系。

首级控制网的点位分布，宜保证每个测量实训小组的测图范围内至少有 1～2 点，全部控制点的坐标应以测量实训指导书附件的方式给出。

实训项目十　综合测量实训指导

一、实训要求

(1) 掌握水准仪、全站仪等常规仪器的操作方法。

(2) 掌握全站仪、水准仪的检验方法。

(3) 掌握测量数据的计算和处理方法。

(4) 掌握全站仪坐标测量的方法及技巧。

(5) 掌握确定地面点位的基本原理。

(6) 掌握数字化大比例尺地形图测绘及绘图的基本方法。

二、实训任务

(1) 图根控制点的选点和埋设。

(2) 图根控制测量施测(平面控制测量和高程控制测量)。

(3) 导线内业计算(平面+高程)。

(4) 大比例尺地形图数据采集(全站仪碎部测量)。

(5) 大比例尺地形图绘制。

三、实训项目与程序

1. 外业测量

(1) 图根控制点高程控制测量，测量各待定点相对起算点的高差。

(2) 图根控制点平面控制测量，测量水平角度和水平距离。

2. 内业计算

(1) 计算导线点间高差，从而推算各导线点的相对高程。

(2) 计算各导线点间距离及相对误差。

(3) 计算各导线角度闭合差及各内角改正后的角度。

(4) 根据以上计算数据推算各导线点的坐标。

3. 大比例尺地形图测绘

(1) 全站仪碎部点坐标测量。

(2) 利用南方 CASS 软件进行地形图绘制并整饰。

四、实训工作程序

1. 平面控制测量

图根平面控制测量一般采用布设闭合导线的形式来进行，控制点的个数在 10 个左右。图根控制点可用木桩制作临时控制测量标志，并在木桩上钉一个小钢钉标注图根控制点点位。如遇硬质(水泥)地面也可以用红色油漆画一个圈，圈内钉一枚水泥钉或制作一个"＋"字作为临时性标志。

(1) 踏勘选点。

根据测图的目的和测区的地形情况，拟定导线的布置形式，实地选定导线点并设立标志。踏勘选点注意事项详见实训任务 5.1 中关于踏勘选点的具体要求。

(2) 水平角度观测。

测量导线转折角时采用全站仪观测两个测回(数据记录格式见表 10-1)。限差要求：仪器对中误差不得超过 ±5 mm；目标偏心误差不得超过 ±3 mm；水平角测量半测回互差限差不得超过 ±36″；水平角测量测回间互差限差为 ±24″。

表 10-1　测回法测量水平角记录表(样表)

测站	竖盘位置	测点	水平度盘/(° ′ ″)	半测回角/(° ′ ″)	一测回角/(° ′ ″)	各测回角平均值/(° ′ ″)
O 第一测回	左	A	00　01　30	98　19　18	98　19　24	98　19　24
		B	98　20　48			
	右	A	180　01　42	98　19　30		
		B	278　21　12			
O 第二测回	左	A	90　01　06	98　19　30	98　19　36	
		B	188　20　36			
	右	A	270　00　54	98　19　42		
		B	08　20　36			

(3) 导线边长测量(水平距离)。

导线边长采用全站仪电磁波测距法的测量方式进行，要求进行往、返测量，且往、返测量距离不符值不得超过 ±5 cm。导线边长往、返测量的相对误差不得超过 1/6000。符合要求时，取往、返测量的平均值作为导线边长(具体记录格式见表 10-2)。

表 10-2　全站仪距离测量记录表(样表)

测站	测点	一测回水平距离读数/m		平均值/m
		第 1 次读数	第 2 次读数	
O	A	63.235	63.233	63.234
A	O	63.234	63.236	63.235

将导线水平角度测量数据和导线边长测量数据分别记录到图根导线野外测量记录表中，作为实训上交材料之一(详见实训任务 5.1 的表 5-1)。

(4) 起算数据(已知)。

实训小组完成本组图根导线外业测量，且经指导教师检查角度闭合差符合可进行内业计算工作要求后，由指导教师给出该组图根导线起始计算数据(给出该小组导线中某点的坐标值，以及一条边的坐标方位角)。

(5) 导线成果计算。

首先由每组同学自己检查外业测量数据，检查无误后交由本组指导教师检查。观测成果合格后，进行闭合差的调整与计算(起算数据由指导教师根据实训现场的实际情况给出)，最终推算出各控制点坐标。

导线全长闭合差要求和导线全长点位相对闭合差由指导教师规定。

将导线测量数据计算成果统一填入到图根导线计算表中，作为上交资料之一(详见实训任务 5.1 的表 5-2)。

(6) 注意事项。

照准目标要消除视差，观测水平角用望远镜十字丝的竖丝对准目标，观测竖直角度用望远镜十字丝的横丝对准目标。

观测水平角时，照准部水准管气泡应居中，其偏离值不得超过 1 格。在同一测回中，不得调整气泡。如发现气泡偏离较大，应重新整平后再次观测。一个测回观测过程中，不得触动度盘变换手轮。万一触碰，应重新观测该测回。

当需要读取竖盘读数时，竖盘指标水准管必须居中。

2. 高程控制测量

图根点高程控制测量采用导线点作为高程控制点，构成闭合水准路线。

(1) 外业测量。

外业图根水准测量采用 DS3 自动安平水准仪，按照四等水准测量的技术要求进行。四等水准测量的测站检核采用双面尺法进行。将野外高程测量数据按照表 10-3 的格式记录到图根水准测量记录表中。

观测限差及精度要求如下：

视线长度不得超过 100 m；前、后视距之差不得超过 5 m；前后视距累积差不得超过 10 m；红黑面尺两次所测高差不得超过 ±5 mm；红黑面尺两次读数之差不得超过 ±3 mm；水准路线的高差闭合差容许值 $f_容 = ±20\sqrt{L}$ 。

(2) 内业计算。

在等外水准测量外业观测成果检查符合限差要求后，根据一个已知点高程(由本组指导教师给出起算点高程数据)和本组观测的各图根控制点间高差进行闭合水准路线成果平差计算，推算出各个水准点高程。

注：每实训小组同学先自己检查外业观测数据无误后，再交由指导教师进行检查。经指导教师检查合格后根据指导教师给出的起算数据进行内业计算。将计算成果填写到等外水准测量记录表中(详见实训任务 1.3 中的表 1-14)。

表 10-3 四等水准测量记录表(样表)

测站	点号	后尺 下丝 上丝	前尺 下丝 上丝	方向及尺号	水准尺读数/m 黑面	水准尺读数/m 红面	K+黑-红	高差中数/m	备注
		后视距/m	前视距/m						
		视距差 d/m	累积差 $\sum d$/m						
1	1 ↓ TP1	1.359	1.907	K_1	1.134	5.822	−1		
		0.909	1.456	K_2	1.677	6.464	0		
		45.0	45.1	后−前	−0.543	−0.642	−1	−0.542	
		−0.1	−0.1						$K_1 = 4.687$
2	TP1 ↓ TP2	1.762	1.641	K_2	1.624	6.410	+1		$K_2 = 4.787$
		1.125	1.007	K_1	1.508	6.196	−1		
		63.7	63.4	后−前	+0.116	+0.214	−2	+0.115	
		+0.3	+0.2						

(3) 注意事项。

读取中丝读数之前,必须使水准管气泡居中;水准尺(塔尺)要竖立,记录员要回报读数,经观测员确认后再记录,以免听错、记错。记录人员要及时进行各项计算和校核项的检查,发现有不合格的校核项,应立即告知观测人员重测;各项检核均合格,才能通知观测员迁站。迁站过程中,后视水准尺前移,前视尺垫不可触动(否则应从最近水准点开始返工重测),工作间歇应在水准点上。

3. 地形图碎部点坐标测量

地形图测量的根本任务,实际上是测定地面上地物、地貌特征点的平面位置和高程,这些特征点亦称碎部点。测绘地物、地貌特征点的工作称为碎部测量。本次测量实训主要采用全站仪坐标测量数字化成图的方法。

(1) 准备工作。

将控制点平面坐标和高程值抄录在成果表上备用。准备好全站仪、脚架、对中杆、棱镜、盒尺、草图纸等进行碎部测量所需要的设备。

(2) 碎部点坐标测量的采集方法及要求详见实训任务 6.1 中的全站仪数字测图。

五、成果整理与报告编写要求

实习过程中,所有外业观测的原始数据必须记录在规定的表格内(铅笔记录),全部内业计算结果也应该填写在规定的表格内。实训结束后将成果资料进行整理,装订成册,上交指导教师。

1. 实训成果上交及装订要求

小组实训成果统一装订上交，每实验小组上交一份。

实训材料装订顺序如下(一定要注意按照装订顺序排列好，横向打印的表格材料需注意装订线位置，以免装订错误。出现装订错误导致成绩不合格的，责任由上交小组自负)。

(1) 综合测量实训指导书。

(2) 个人实习报告(小组每人一份，要求手写，字迹工整，内容充实并符合实训具体工作要求)。

(3) 综合测量实训日志(1 份/天/组)(每篇实训日志需要手写，字数要求不得低于100 字)。

(4) 导线测量记录表(不超过 10 页)。

(5) 导线计算表(不超过 6 页)。

(6) 水准测量记录表(不超过 10 页)。

(7) 水准测量计算表(不超过 6 页)。

(8) 碎部点测量草图。

(9) 综合测量实训成绩评定表。

(10) 1∶500 地形图纸质版(叠图后排放整齐装订)。

2. 个人应上交的资料

(1) 每人交 1 篇个人实习报告及体会，小组同学按照上述要求的装订顺序装订。

3. 个人实习报告的内容及要求

实习报告就是实习的技术总结，其内容必须真实，具体内容及要求如下：

(1) 封面：实习名称、地点、起止日期、班组、编写人及指导教师。

(2) 目录。

(3) 前言：说明实习目的、任务。

(4) 内容：正确阐述测量的顺序、方法、精确的项目要求、计算成果以及相关的图示，要求字迹工整。

(5) 实习心得：切实介绍自己本次实习的收获、实习中遇到的问题及解决方法，以及对本次实习的个人意见和建议等，要求字迹工整。

4. 其他实习资料

根据指导教师的要求需上交其他材料。

第四部分

提升实训

实训项目十一　一级导线测量

一、实训目标

1. 知识目标

(1) 掌握导线的布设方法。

(2) 掌握导线测量的外业施测方法和步骤。

(3) 掌握导线测量的内业计算。

2. 技能目标

(1) 能与小组共同完成一级导线测量的外业工作。

(2) 能独立完成导线测量的内业计算。

二、实训仪器和工具

全站仪 1 台，三脚架 1 副，对中杆 2 根，放光棱镜 2 个，水泥钉若干，记录板 1 个，铅笔、计算器(自备)，必要时自备雨伞 1 把。

三、实训内容

(1) 在校内指定区域布设一条闭合导线，按照选点原则选点，用水泥钉、油漆作为标志，并统一将点号按逆时针编写。

(2) 根据外业观测数据和已知数据(起算数据)，计算未知导线点的坐标，并进行精度评定。

四、实训组织

(1) 每实训小组 4～6 人，小组内分工合作，轮流操作，实训安排为 4 学时。

(2) 准备好实训仪器和工具，相关的参考资料和记录表格。

五、实训方法和步骤

由实训教师指定校内一块区域，给定一个已知控制点，由学生以导线测量的方法，以闭合导线的布设形式完成指定区域的平面控制测量。

1. 导线测量的外业工作

(1) 踏勘选点。

根据测区的地形情况选择一定数量的导线点，选点时应遵循下列原则：

相邻点间要通视，方便测角和量边；点位要选择在土质坚实的地方，便于保存点的标志和安置仪器；导线点应选择在周围地势开阔的地点，便于测图时充分发挥控制点的作用；导线边长要大致相等，以使测角的精度均匀；导线点的数量要足够，密度要均匀，以便控制整个测区。

导线点选定后，用水泥钉钉在硬质地面上作为标志，并用油漆工整地标明点号，以表示点位。导线点要统一按逆时针编号，并绘制导线线路草图和点之记。

(2) 水平角观测。

利用测回法依次观测导线的左角(闭合导线内角)。每个水平角观测两个测回，半测回角之差不得超过 $\pm 10''$，各测回互差不得超过 $\pm 9''$。

(3) 导线边长测量。

使用全站仪测距系统测量水平距离，每条导线边要求进行往返测量。往返互差不超过 ± 5 mm。

2. 导线测量内业计算及成果整理

坐标计算前要认真检查起算数据是否正确、外业观测成果是否齐全、精度是否满足要求，核对无误后绘制计算简图，并把数据标注在图上的相应位置。

(1) 角度闭合差的计算与调整。

由于观测水平角不可避免地存在误差，致使实测的内角之和 $\sum \beta_{测}$ 不等于理论值 $\sum \beta_{理}$，两者之差称为角度闭合差，用 f_β 表示，即

$$f_\beta = \sum \beta_{测} - \sum \beta_{理} \tag{11-1}$$

对于闭合导线而言，$\sum \beta_{理} = (n-2) \times 180°$；

对于附合导线而言，$\sum \beta_{理(左)} = (a_{终} - a_{始}) + n \times 180°$ 或 $\sum \beta_{理(右)} = (a_{始} - a_{终}) + n \times 180°$。

一级导线角度闭合差的容许值为

$$f_{\beta 容} = \pm 10'' \sqrt{n} \tag{11-2}$$

其中：n 为转折角的个数。

如果 $f_\beta > |f_{\beta 容}|$，就说明所测水平角不符合要求，应对水平角重新检查或重测。

如果 $f_\beta \leqslant |f_{\beta 容}|$，就说明所测水平角符合精度要求，可将闭合差按相反的符号平均分配到各观测角中。也就是说，每个水平角加相同的改正数 v_β：

$$v_\beta = -\frac{f_\beta}{n} \tag{11-3}$$

计算检核：水平角改正数之和应与角度闭合差大小相等且符号相反，即

$$\sum v_{\beta} = -f_{\beta} \tag{11-4}$$

当闭合差不能平均分配时，可将多余的整秒数调整到由短边构成的转折角上，或将不足的整秒数调整到由长边构成的转折角上。

改正后的水平角 $\beta_{i改}$ 等于所测水平角加上水平角改正数：

$$\beta_{i改} = \beta_i + v_{\beta} \tag{11-5}$$

(2) 坐标方位角的推算。

坐标方位角的推算公式为

$$\alpha_{前} = \alpha_{后} + \beta_{左} - 180° \tag{11-6(a)}$$

或

$$\alpha_{前} = \alpha_{后} - \beta_{右} + 180° \tag{11-6(b)}$$

计算检核：最后推算出已知边的坐标方位角，推算值应与已知边给定的坐标方位角相等，否则应重新计算。

(3) 坐标增量闭合差的计算与调整。

先按式(5-5)计算导线各边的坐标增量，再计算出导线的坐标增量闭合差。

纵坐标增量闭合差 f_x 和横坐标增量闭合差 f_y 分别为

$$\begin{cases} f_x = \sum \Delta x - \sum \Delta x_{理} = \sum \Delta x - (x_{终} - x_{起}) \\ f_y = \sum \Delta y - \sum \Delta y_{理} = \sum \Delta y - (y_{终} - y_{起}) \end{cases} \tag{11-7}$$

由于闭合导线的起点和终点为同一点，因此

$$\begin{cases} \sum \Delta x_{理} = 0 \\ \sum \Delta y_{理} = 0 \end{cases} \tag{11-8}$$

故而，闭合导线坐标增量闭合差为

$$\begin{cases} f_x = \sum \Delta x \\ f_y = \sum \Delta y \end{cases} \tag{11-9}$$

由于存在坐标增量闭合差，推算出的导线点不能闭合于已知点。导线点与已知点的距离称为导线全长闭合差，用 f_D 表示：

$$f_D = \sqrt{f_x^2 + f_y^2} \tag{11-10}$$

导线测量的精度 K 以导线全长相对闭合差 f_D 与导线全长 $\sum D$ 之比来表示：

$$K = \frac{f_D}{\sum D} = \frac{1}{\sum D / f_D} \tag{11-11}$$

不同等级的导线，其容许值相对闭合差 $K_容$ 有相应的要求，一级导线需满足相对闭合差≤1/14 000。

若 $K>K_容$，则说明边长测量的外业成果不合格。应首先检查计算有无错误，再检查外业距离测量成果，必要时重测；若 $K≤K_容$，则说明成果符合要求，可以对坐标增量闭合差 f_x 和 f_y 进行调整。

调整的原则是将 f_x、f_y 反号，并按与边长成正比的原则，分配到各边对应的纵、横坐标增量中。以 v_{xi}、v_{yi} 分别表示第 i 边的纵、横坐标增量改正数，则

$$\begin{cases} v_{xi} = -\dfrac{f_x}{\sum D} \cdot D_i \\ v_{yi} = -\dfrac{f_y}{\sum D} \cdot D_i \end{cases} \tag{11-12}$$

计算检核：纵、横坐标增量改正数之和应满足：

$$\begin{cases} \sum v_x = -f_x \\ \sum v_y = -f_y \end{cases} \tag{11-13}$$

各边坐标增量计算值加上相应的改正数，即得各边的改正后的坐标增量：

$$\begin{cases} \Delta x_{i\,改} = \Delta x_i + v_{xi} \\ \Delta y_{i\,改} = \Delta y_i + v_{yi} \end{cases} \tag{11-14}$$

计算检核：改正后纵、横坐标增量之代数和应分别等于理论值。

(4) 导线坐标计算。

根据起始点已知坐标和改正后各导线边的坐标增量，依次推算出各导线点的坐标，推算方法为

$$\begin{cases} x_i = x_{i-1} + \Delta x_{i-1改} \\ y_i = y_{i-1} + \Delta y_{i-1改} \end{cases} \tag{11-15}$$

计算验核：推算出的已知点坐标与给定的坐标应相等，以便校核。

最后将导线坐标计算的数据填入导线内业成果计算表内。

六、实训注意事项

(1) 导线按逆时针编号时，左角为导线内角；导线按顺时针编号时，右角为导线内角。

(2) 导线边长应尽量相等，长、短边之比不得大于 3。

(3) 闭合导线坐标计算应坚持步步有检核的原则，以保证计算成果的正确性。

七、实训成果

一级导线测量外业记录如表 11-1 所示。

表 11-1　一级导线测量外业记录表

测站：_____

	读　数		2C	半测回方向	一测回方向	各测回平均方向	附注
	盘左	盘右					
水平角观测							

	平均观测值		平均中数		平均观测值		平均中数
边长	1			边长	1		
	2				2		
	3				3		
	4				4		

注：此页不足可复印。

导线测量成果计算如表 11-2 所示。

表 11-2　导线测量成果计算表

点号	观测角/(°′″)	角度改正数(″)	改正后角度/(°′″)	坐标方位角/(°′″)	距离/m	坐标增量 Δx			坐标增量 Δy			纵坐标x/m	横坐标y/m
						计算值/m	改正值/mm	改正后的值/m	计算值/m	改正值/mm	改正后的值/m		
Σ													
辅助计算													

八、实训总结

实训操作结果汇报如表 11-3 所示。

表 11-3   实训操作结果汇报

实训项目	
本组组员	组长： 组员：
是否完成	
实训分工	
实训心得体会	优点/已完成部分/正确点： 缺点/未完成部分/错误点：
未完成的主要原因	

九、教师评价

实训过程性评价如表 11-4 所示。

表 11-4   实训过程性评价表

学习环节	评 分 细 则	第_____组 姓名_____	
		分值	得分
实训过程及成果	操作动作规范，操作程序正确	20	
	按时完成实训项目	10	
	无仪器或工具损坏，无事故发生	20	
	记录规范，无转抄、涂改、抄袭等	20	
	计算准确，精度符合规定要求	10	
	服从组长安排，能配合其他成员工作	10	
	遵守实训纪律	10	

十、实训练习

1. 画出本次实训闭合导线的略图。

2. 写出附合导线和闭合导线在成果计算中的区别。

实训项目十二   二等水准测量

一、实训目标

1. 知识目标

(1) 熟悉二等水准测量的技术规范指标。

(2) 掌握二等水准测量外业计算的理论依据。

(3) 掌握水准测量内业平差。

(4) 理解二等水准测量误差来源和解决方法。

2. 技能目标

(1) 熟悉二等水准测量一测站观测程序、记录与数据计算。

(2) 熟悉二等水准测量的主要技术指标,掌握二等水准测量外业数据的检核方法。

(3) 掌握二等水准测量内业平差计算方法和成果整理。

(4) 熟悉二等水准测量成果精度的控制方法。

二、实训仪器和工具

各小组准备电子水准仪 1 台,水准尺 1 对(2 根),尺垫 2 个,三脚架 1 副,记录板 1 个,铅笔、计算器(自备),必要时自备雨伞 1 把。

三、实训内容

(1) 进行水准路线的布设。

(2) 用二等水准测量方法观测一条闭合水准路线。

(3) 进行高差闭合差的调整与高程计算。

(4) 绘制二等水准路线示意图。

四、实训组织

(1) 每实训小组 4~6 人,小组内分工合作,轮流操作,实训安排为 3 学时。

(2) 准备好实训仪器和工具,相关的参考资料和记录表格。

五、实训方法和步骤

在实训场地划定 1 个测区，选定 1 个已知水准点 *A* 作为起点，选定 3 个未知高程点依次命名为 1、2、3 作为待测点，采用二等水准测量技术要求，以布设闭合水准路线的方式来测定未知点的高程。

1. 二等水准外业观测方法

将已知水准点和待测点布设成闭合水准路线，按下列顺序逐站进行观测(后一前一前一后)：

(1) 照准后视尺，读取视距和第 1 次高差；
(2) 照准前视尺，读取视距和第 1 次高差；
(3) 照准前视尺，读取第 2 次高差；
(4) 照准后视尺，读取第 2 次高差。

水准路线采用单程观测，每测站读两次高差，奇数站观测水准尺的顺序为：后一前一前一后；偶数站观测水准尺的顺序为：前一后一后一前。

2. 二等水准外业计算和校核

将观测数据记入表中相应栏内，计算和校核要求如下：

(1) 视线长度不超过 50 m(当视线长度小于 20 m 时，视线高度不应低于 0.3 m)，不少于 3 m；
(2) 前、后视距差不超过 ±1.5 m，视距累积差不超过 ±6 m；
(3) 同一根水准尺的两次高差之差不超过 ±0.6 mm。

一测站数据计算和校核合格，方可迁站；一测段内必须采用偶数个测站完成测量。

3. 二等水准测量成果整理

(1) 整理外业数据，绘制闭合水准路线示意图。
(2) 高差闭合差的计算和检核。高差闭合差不超过 $\pm 4\sqrt{L}$ (平地)，L 为水准路线的长度(单位：km)。若高差闭合差超限，成果不合格，应重测。
(3) 高差闭合差的调整与分配。
(4) 计算改正后的高差，并根据已知高程推算待测点 1、2、3 的高程。

六、实训注意事项

(1) 观测的同时，记录员应及时进行测站计算验核，符合要求方可迁站，否则应重测。
(2) 仪器未迁站时，后视尺不得移动；仪器迁站时，前视尺不得移动。
(3) 数据记录应规范整洁，数据记录应实事求是，不可篡改数据。

七、实训成果

二等水准记录如表 12-1 所示。

表 12-1　二等水准记录表

日期：_____　　天气：_____　　班级：_____　　组别：_____

仪器：_____　　观测者：_____　　记录者：_____　　计算者：_____

测站编号	后视距/m	前视距/m	方向及尺号	标尺读数/m		两次读数之差/mm	备注
	视距差/m	累计视距差/m		第 1 次读数	第 2 次读数		
			后				
			前				
			后 − 前				
			h				
			后				
			前				
			后 − 前				
			h				
			后				
			前				
			后 − 前				
			h				
			后				
			前				
			后 − 前				
			h				
			后				
			前				
			后 − 前				
			h				
			后				
			前				
			后 − 前				
			h				
			后				
			前				
			后 − 前				
			h				
			后				
			前				
			后 − 前				
			h				

二等水准测量成果计算如表 12-2 所示。

表 12-2 二等水准测量成果计算表

点号	距离/km(测站数)	高差中数/m	改正数/mm	改正后高差/m	高程/m
$\sum$					

$\sum \beta_{测} = \qquad\qquad \sum \beta_{理} =$

$f_h = \qquad\qquad f_容 = \pm 4\sqrt{L} =$

八、实训总结

实训操作结果汇报如表 12-3 所示。

表 12-3　实训操作结果汇报表

实训项目	
本组组员	组长：　　　组员：
是否完成	
实训分工	
实训心得体会	优点/已完成部分/正确点： 缺点/未完成部分/错误点：
未完成的主要原因	

九、教师评价

实训过程性评价如表 12-4 所示。

表 12-4　实训过程性评价表

学习环节	评分细则	第＿＿＿＿组 姓名＿＿＿＿＿	
		分值	得分
实训过程及成果	操作动作规范，操作程序正确	20	
	按时完成实训项目	10	
	无仪器或工具损坏，无事故发生	20	
	记录规范，无转抄、涂改、抄袭等	20	
	计算准确，精度符合规定要求	10	
	服从组长安排，能配合其他成员工作	10	
	遵守实训纪律	10	

十、实训练习

1. 为什么二等水准测量要求每个测段内必须为偶数个测站?

2. 如果前后视距差超限,应如何处理?

实训项目十三　1∶500 数字测图

一、实训目标

了解数字测图的作业过程及方法，掌握用全站仪在一个测站上进行数据采集的方法，掌握运用绘图软件绘制地形图的基本步骤及方法。

1. 实训内容

要求每组在指导教师的带领下用全站仪测绘本组测区内 1∶500 大比例尺地形图，由指导教师指导应用相应的绘图软件绘制地形图。

2. 实训条件

(1) 每组全站仪 1 台，单杆棱镜 1~2 个，皮尺 1 根，绘草图本 1 个，计算机 1 台(安装有 CASS2008 绘图软件)。

(2) 每组分配指定范围的测区(各组间的场地可搭接或部分重合)，作为采集地物地貌数据的实训场地。

3. 仪器设备及精度技术指标

全站仪测角精度为 ±5″，测距精度(单位：mm)为 $\pm(5+5\times10^{-6}D)$，棱镜按型号要输入正确的棱镜常数，皮尺全长 30 m 或 50 m。

4. 实训流程

(1) 图根控制测量。
(2) 应用全站仪进行地物地貌数据采集。
(3) 数据传输。
(4) 应用绘图软件生成地形图。

5. 图根控制测量

(1) 各组利用本组控制测量时使用的控制点作为图根控制点。平坦开阔地区图根控制点的密度选择可参照表 13-1。

表 13-1　平坦开阔地区图根点的密度

测图比例尺	图根点密度 /(点 /km²)
1∶500	64
1∶1000	16
1∶2000	4

(2) 图根控制点的平面坐标及高程已在导线测量计算成果及四等水准测量计算成果中求得，在地形图测绘时可直接使用。

(3) 注意事项：如图根点密度不够，可以应用全站仪，采用极坐标法或交会法加密图根平面控制点，图根点的高程应采用图根水准测量或全站仪进行三角高程测量。

6. 全站仪地物地貌数据采集

(1) 安置全站仪于一个图根控制点上，进入数据采集模式，输入测站点及后视点建立测站后，再测量后视点坐标进行测站检核。然后采集本组测区范围内的地物地貌数据，将数据存储在建立好的测量数据文件夹中。地物点、地貌点视距和测距的最大长度可参照表 13-2。

表 13-2 地物点、地貌点视距和测距的最大长度

测图比例尺	视距最大长度/m		测距最大长度/m	
	地物点	地貌点	地物点	地貌点
1∶500	—	70	80	150
1∶1000	80	120	160	250
1∶2000	150	200	300	400

(2) 用全站仪采集数据的同时，草图员需绘制草图及记录对应点号。

(3) 实训注意事项。

① 注意盘左定向及盘左进行坐标数据采集，全站仪坐标显示设置方式为 X，Y，Z。

② 用全站仪进行数字测图时，测站点的坐标、后视点的坐标及碎部点的坐标都保存到同一个测量坐标数据文件中，这样建站时就可更快更方便地利用调用点号的方法。同时可在存储管理模式中查找任意一个碎部点测量坐标数据。

③ 在一个测站进行数据采集时一般是先采集地物特征点，再采集地貌特征点；草图员在绘制草图时需及时与仪器观测者核对点号，将地物点点号标注在草图上，地貌点点号须记录清楚。

④ 在一个测站上采集数据的过程中，如不小心碰动仪器，应重新定向检查后视；在一个测站彻底完成数据采集，准备迁站前，也应回到起始定向点检查，确定无误后再迁站。

7. 数据传输

(1) 用全站仪的数据传输线将全站仪与计算机连接好。

(2) 利用全站仪数据通信模式中的发送数据，将全站仪中的测量坐标数据发送到计算机中并保存好。

(3) 注意事项。

① 应仔细检查数据线与全站仪及计算机相应端口的连接。

② 数据传输可以利用绘图软件中的数据通信菜单进行，也可以利用全站仪的数据通信软件进行传输。

③ 全站仪中数据通信参数设置的内容有：协议、波特率、字符/校验、停止位。在计

算机中首先要选对仪器型号，保证联机状态，然后进行通信端口、波特率、校验、数据位、停止位的设置。

④ 以上各项设置正确后，全站仪中的测量坐标数据即可发送到计算机中，如数据格式与绘图软件的数据格式不符，可通过 Word 或 Excel 等进行格式转换。

8. 地形图的绘制

地形图绘制可选用南方 CASS 数字成图软件，步骤如下。

(1) 设置绘图比例尺，展野外测点点号。

(2) 仔细参照外业草图绘制地物平面图。

(3) 展高程点，如地面高程起伏较大，需绘制等高线。地形图的基本等高距与地形和比例尺有关，技术规范参照表 13-3。

表 13-3 地形图的基本等高距

地形	基本等高距/m		
	1：500	1：1000	1：2000
平地	0.5	0.5	0.5，1
丘陵地	0.5	0.5，1	1
山地	0.5，1	1	2
高山地	1	1，2	2

等高线的绘制步骤如下：

① 用全站仪采集地貌特征点建立数字地面模型；

② 通过修改三角网对数字地面模型进行修改；

③ 根据等高距及一定的拟合方式绘制等高线；

④ 进行等高线的修饰，如等高线上高程注记、等高线遇地物断开等，丘陵地区高程注记点间距参照表 13-4。

表 13-4 丘陵地区高程注记点间距

测图比例尺	高程注记点间距/m
1：500	15
1：1000	30
1：2000	50

(4) 图形整饰，若面积较大需分幅，则应在进行分幅工作后添加图廓图名。

(5) 注意事项：绘制地形图时应仔细参照外业草图。

(6) 技术规范：地形图符号应按现行国家标准《1：500、1：1000、1：2000 地形图图式》执行。

9. 地形图碎部点坐标测量

地形图测量的根本任务，实际上是测定地面上地物、地貌特征点的平面位置和高程，这些特征点亦称碎部点。测绘地物、地貌特征点的工作，称为碎部测量。本测量实训主要采用全站仪坐标测量数字化成图的方法。

(1) 准备工作。

将控制点平面坐标和高程值抄录在成果表中备用。准备好全站仪、脚架、对中杆、棱镜、盒尺、草图纸等进行碎部测量需要的设备。

(2) 碎部点坐标测量的采集方法及要求。

本数字化测图采用绘制草图法，个别点测不到，可以用方向交会、距离交会或免棱镜。

碎部点坐标测量采集的主要步骤如下。

① 置仪器(对中、整平)。

② 通过菜单键进行数据采集，选择或新建一个文件(测量数据就会保存在这个文件里，通常用日期作为文件名，便于后期数据导出与识别)。

③ 测站设置(输入测站点坐标、高程、仪器高)。

④ 后视定向(输入后视点坐标、后视棱镜高)，输入结束后会提示"是否照准后视点"，注意一定要点击"是"照准后视棱镜。然后测出后视点的坐标作为检核，检核误差平面 x 和 y 不超过 5 cm，高程不超过 10 cm。

⑤ 用后视点检核不一定准确，建议直接用第三个已知点进行检核，检核误差同上。

⑥ 碎部点坐标测量采集，可以进行连续测量，画草图，可以改点号(编码不管)。

注意：只要迁站或移动了仪器，都要重新进行测站设置和后视定向。实习采用全站仪外业数据采集、CASS 软件辅助地形绘图的数字测图方法。内业成图时，在 CASS 软件环境下，导入碎部点坐标文件，并参照外业草图，直接在开思软件环境下连线成图(地形图中各种地物的符号，要严格按照地形图图式的要求，在开思软件环境下自己绘制出来)。

每天工作结束后应及时对采集的数据进行检查。若草图绘制有错误，应按照实地情况修改草图。若数据记录有错误，可修改测点编号、地形码和信息码，但严禁修改观测数据，否则须返工重测。对错漏数据要及时补测，超限的数据应重测。

数据文件应及时储盘并备份。

(3) 测绘内容及取舍。

按照全站仪采集地物地貌的要求，完成测图范围内的地物和地貌点的坐标采集并进行数字测图。测绘的总体原则是：凡是能依比例尺表示的地物，须将它们水平投影的几何形状相似地描绘在地形图上；对于花园、花坛、草坪等地物，需要将它们的边界测量出来并表示在图上，在边界内再绘上相应的地物符号；对于不能依比例尺表示的地物，在地形图上以相应的地物符号表示在地物的中心位置上；在测绘的地物上应加上相应的注记和说明文字，如房屋的层数、道路的名称等。

地物主要包括建筑物、道路、路灯、行道树、草坪、花园、花坛等；地貌主要是将所测范围内地貌等高线测绘出来，并将道路某些路段边缘的加固陡坎测量出来，并用地形图图式规定的符号表示在地形图上；地貌测绘中的基本等高距为 0.5 m。

测量控制点是测绘地形图的主要依据，在图上应精确标示。

房屋的轮廓应以墙基外角为准，并按建筑材料和性质分类，注记层数。房屋应逐个标示，临时性房屋可舍去。

若图上建筑物和围墙轮廓的凸凹小于 0.4 mm，简单房屋小于 0.6 mm，可用直线连接。

校园内道路应按实际位置测绘车行道、人行道。其他道路按内部道路绘出。

沿道路两侧排列的以及其他成行的树木均用"行树"符号表示。符号间距视具体情况可放大或缩小。

电线杆位置应实测，可不连线，但应绘出电线连线方向。

架空的、地面上的管道均应实测，并注记传输物质的名称。地下管线检修井、消防栓应有测绘标识。

沟渠在图上的宽度小于 1 mm 时，用单线表示并注明流向。

斜坡在图上的投影宽度小于 2 mm 时，用陡坎符号表示。当坡、坎比高小于 2.5 m 或在图上的长度小于 5 mm 时，可不表示。

各项地理名称的注记位置应适当、无遗漏。居民地、道路、单位名称和房屋栋号应正确注记。其他地物参照"规范"和"图式"合理取舍。

(4) 数据传输、绘图及输出。

每天碎部点采集后要及时进行数据传输，并备份。利用传输插件和 USB 传输线可以将碎部点坐标数据传输到个人计算机上。

用计算机对采集的外业数据进行处理，要求在 CASS 软件环境下将碎部点坐标数据展出，人机交互进行地形图编辑，按图式要求进行点、线、面的地物绘制和文字、数字、符号注记。注记的文字字体采用图式规定的字体。

高程注记点分布的注意事项如下。

① 地形图上高程注记点应分布均匀。

② 山顶、鞍部、山脊、山脚、谷底、谷口、沟底、沟口、凹地、台地、河川湖岸旁、水涯线上以及其他地面倾斜变换处，均应测高程注记点。

③ 城市建筑区高程注记点应设在街道中心线、街道交叉中心、建筑物墙基脚和相应的地面、管道检查井井口、桥面、广场、较大的庭院内或空地上以及其他地面倾斜变换处。

④ 基本等高距为 0.5 m，高程注记点应注至 cm。

按规范要求表示高程注记点和绘制等高线。最后生成数字地形图图形文件，绘制结束并整饰后，将地形图按照 1∶500 输出打印。

(5) 成图质量检查。

对成图图面应按规范要求进行检查。检查方法分为室内检查、实地巡视检查及设站检查。对检查中发现的错误和遗漏应予以纠正和补测。

(6) 图廓整饰内容。

图幅采用任意分幅，图框外需设置好图名、测图比例尺、内外图廓线及其四角的坐标注记、坐标系统(独立坐标系)、高程系统(独立高程系)、测图单位(班级小组)、等高距、图式版本、作业员信息和测图时间(图上不注记接图表、图号、密级、直线比例尺等内容)。

二、成果要求

(1) 1∶500 数字地形图总图(DWG)数据文件 1 份。

(2) 数据采集成果资料：草图 1 份，坐标数据 1 份(CASS 展点格式)。

(3) 1：500 数字地形图总图打印件 1 份。

三、实训总结

实训操作结果汇报如表 13-5 所示。

表 13-5　实训操作结果汇报

实训项目	
本组组员	组长：　　　　组员：
是否完成	
实训分工	
实训心得体会	优点/已完成部分/正确点： 缺点/未完成部分/错误点：
未完成的主要原因	

四、教师评价

实训过程性评价如表 13-6 所示。

表 13-6　实训过程性评价表

学习环节	评 分 细 则	第＿＿＿＿组 姓名＿＿＿＿	
		分值	得分
实训过程及成果	操作动作规范，操作程序正确	20	
	按时完成实训项目	10	
	无仪器或工具损坏，无事故发生	20	
	记录规范，无转抄、涂改、抄袭等	20	
	计算准确，精度符合规定要求	10	
	服从组长安排，能配合其他成员工作	10	
	遵守实训纪律	10	

五、实训练习

1. 数字测图基本过程包括什么？测站信息主要包括什么？

2. 如何绘制等高线？

附录 1　常用国家测绘标准及测绘行业标准

一、常用国家测绘标准

1. 工程测量规范　　GB 50026—2020
2. 国家一、二等水准测量规范　　GB/T 12897—2006
3. 国家三、四等水准测量规范　　GB/T 12898—2009
4. 1：500、1：1000、1：2000 外业数字测图技术规程　　GB/T 14912—2005
5. 国家基本比例尺地图图式 第 1 部分：1：500 1：1000 1：2000 地形图图式　　GB/T 20257.1—2007
6. 1：500、1：1000、1：2000 地形图数字化规范　　GB/T 17160—2008
7. 数字地形图产品基本要求　　GB/T 18315—2009
8. 数字测绘成果质量要求　　GB/T 17941—2008
9. 数字测绘成果质量检查与验收　　GB/T 18316—2008
10. 测绘成果质量检查与验收　　GB/T 24356—2009
11. 行政区域界线测绘规范　　GB/T 17796—2009
12. 全球定位系统(GPS)测量规范　　GB/T 18314—2009
13. 城市轨道交通工程测量规范　　GB 50308—2008
14. 地质矿产勘查测量规范　　GB/T 18341—001
15. 中、短程光电测距规范　　GB/T 16818—2008
16. 地理信息分类与编码规则　　GB/T 25529—2010
17. 1：500 1：1000 1：2000　地形图航空摄影测量数字化测图规范　　GB/T 15967—2008
18. 1：500 1：1000 1：2000　地形图航空摄影测量内业规范　　GB/T 7930—2008
19. 1：500 1：1000 1：2000　地形图航空摄影测量外业规范　　GB/T 7931—2008
20. 光电测距仪　　GB/T 14267-2009

二、部分测绘行业标准

1. 城市测量规范　　CJJ/T 8—2011
2. 卫星定位城市测量技术规范　　CJJ/T 73—2010
3. 建筑变形测量规范　　JGJ 8—2016
4. 石油化工工程测量规范　　SH 3100—2000
5. 电力工程施工测量技术规范　　DL/T 5445—2010

6. 公路勘测规范　　JTG C10—2007

7. 公路勘测细则　　JTG/T C10—2007

8. 铁路工程测量规范　　TB10101—2009

9. 高速铁路工程测量规范　　TB 10601—2009

10. 铁路工程卫星定位测量规范　　TB 10054—2010

11. 全球定位系统实时动态测量(RTK)技术规范　　CH/T 2009—2010

12. 数字水准仪检定规程　　CH/T8019—2009

13. 基础地理信息数字成果 1：500 1：1000 1：2000 数字线划图　　CH/T 9008.1—2010

14. 数字线划图(DLG)质量检验技术规程　　CH/T 1025—2011

15. 测绘作业人员安全规范　　CH1016—2008

16. 测绘技术总结编写规定　　CH/T 1001—2005

17. 测绘技术设计规定　　CH/T1004—2005

18. 高程控制测量成果质量检验技术规程　　CH/T 1021—2010

19. 平面控制测量成果质量检验技术规程　　CH/T 1022—2010

20. 测绘成果质量检验报告编写基本规定　　CH/Z1001—2007

附录2　中华人民共和国测绘法

(1992 年 12 月 28 日第七届全国人民代表大会常务委员会第二十九次会议通过；2002 年 8 月 29 日第九届全国人民代表大会常务委员会第二十九次会议第一次修订；2017 年 4 月 27 日第十二届全国人民代表大会常务委员会第二十七次会议第二次修订)

第一章　总　　则

第一条　为了加强测绘管理，促进测绘事业发展，保障测绘事业为经济建设、国防建设、社会发展和生态保护服务，维护国家地理信息安全，制定本法。

第二条　在中华人民共和国领域和中华人民共和国管辖的其他海域从事测绘活动，应当遵守本法。

本法所称测绘，是指对自然地理要素或者地表人工设施的形状、大小、空间位置及其属性等进行测定、采集、表述，以及对获取的数据、信息、成果进行处理和提供的活动。

第三条　测绘事业是经济建设、国防建设、社会发展的基础性事业。各级人民政府应当加强对测绘工作的领导。

第四条　国务院测绘地理信息主管部门负责全国测绘工作的统一监督管理。国务院其他有关部门按照国务院规定的职责分工，负责本部门有关的测绘工作。

县级以上地方人民政府测绘地理信息主管部门负责本行政区域测绘工作的统一监督管理。县级以上地方人民政府其他有关部门按照本级人民政府规定的职责分工，负责本部门有关的测绘工作。

军队测绘部门负责管理军事部门的测绘工作，并按照国务院、中央军事委员会规定的职责分工负责管理海洋基础测绘工作。

第五条　从事测绘活动，应当使用国家规定的测绘基准和测绘系统，执行国家规定的测绘技术规范和标准。

第六条　国家鼓励测绘科学技术的创新和进步，采用先进的技术和设备，提高测绘水平，推动军民融合，促进测绘成果的应用。国家加强测绘科学技术的国际交流与合作。

对在测绘科学技术的创新和进步中做出重要贡献的单位和个人，按照国家有关规定给予奖励。

第七条　各级人民政府和有关部门应当加强对国家版图意识的宣传教育，增强公民的国家版图意识。新闻媒体应当开展国家版图意识的宣传。教育行政部门、学校应当将国家版图意识教育纳入中小学教学内容，加强爱国主义教育。

第八条　外国的组织或者个人在中华人民共和国领域和中华人民共和国管辖的其他海域从事测绘活动，应当经国务院测绘地理信息主管部门会同军队测绘部门批准，并遵守中华人民共和国有关法律、行政法规的规定。

外国的组织或者个人在中华人民共和国领域从事测绘活动，应当与中华人民共和国有关部门或者单位合作进行，并不得涉及国家秘密和危害国家安全。

第二章　测绘基准和测绘系统

第九条　国家设立和采用全国统一的大地基准、高程基准、深度基准和重力基准，其数据由国务院测绘地理信息主管部门审核，并与国务院其他有关部门、军队测绘部门会商后，报国务院批准。

第十条　国家建立全国统一的大地坐标系统、平面坐标系统、高程系统、地心坐标系统和重力测量系统，确定国家大地测量等级和精度以及国家基本比例尺地图的系列和基本精度。具体规范和要求由国务院测绘地理信息主管部门会同国务院其他有关部门、军队测绘部门制定。

第十一条　因建设、城市规划和科学研究的需要，国家重大工程项目和国务院确定的大城市确需建立相对独立的平面坐标系统的，由国务院测绘地理信息主管部门批准；其他确需建立相对独立的平面坐标系统的，由省、自治区、直辖市人民政府测绘地理信息主管部门批准。

建立相对独立的平面坐标系统，应当与国家坐标系统相联系。

第十二条　国务院测绘地理信息主管部门和省、自治区、直辖市人民政府测绘地理信息主管部门应当会同本级人民政府其他有关部门，按照统筹建设、资源共享的原则，建立统一的卫星导航定位基准服务系统，提供导航定位基准信息公共服务。

第十三条　建设卫星导航定位基准站的，建设单位应当按照国家有关规定报国务院测绘地理信息主管部门或者省、自治区、直辖市人民政府测绘地理信息主管部门备案。国务院测绘地理信息主管部门应当汇总全国卫星导航定位基准站建设备案情况，并定期向军队测绘部门通报。

本法所称卫星导航定位基准站，是指对卫星导航信号进行长期连续观测，并通过通信设施将观测数据实时或者定时传送至数据中心的地面固定观测站。

第十四条　卫星导航定位基准站的建设和运行维护应当符合国家标准和要求，不得危害国家安全。

卫星导航定位基准站的建设和运行维护单位应当建立数据安全保障制度，并遵守保密法律、行政法规的规定。

县级以上人民政府测绘地理信息主管部门应当会同本级人民政府其他有关部门，加强对卫星导航定位基准站建设和运行维护的规范和指导。

第三章　基　础　测　绘

第十五条　基础测绘是公益性事业。国家对基础测绘实行分级管理。

本法所称基础测绘，是指建立全国统一的测绘基准和测绘系统，进行基础航空摄影，获取基础地理信息的遥感资料，测制和更新国家基本比例尺地图、影像图和数字化产品，建立、更新基础地理信息系统。

第十六条　国务院测绘地理信息主管部门会同国务院其他有关部门、军队测绘部门组织编制全国基础测绘规划，报国务院批准后组织实施。

县级以上地方人民政府测绘地理信息主管部门会同本级人民政府其他有关部门，根据国家和上一级人民政府的基础测绘规划及本行政区域的实际情况，组织编制本行政区域的基础测绘规划，报本级人民政府批准后组织实施。

第十七条　军队测绘部门负责编制军事测绘规划，按照国务院、中央军事委员会规定的职责分工负责编制海洋基础测绘规划，并组织实施。

第十八条　县级以上人民政府应当将基础测绘纳入本级国民经济和社会发展年度计划，将基础测绘工作所需经费列入本级政府预算。

国务院发展改革部门会同国务院测绘地理信息主管部门，根据全国基础测绘规划编制全国基础测绘年度计划。

县级以上地方人民政府发展改革部门会同本级人民政府测绘地理信息主管部门，根据本行政区域的基础测绘规划编制本行政区域的基础测绘年度计划，并分别报上一级部门备案。

第十九条　基础测绘成果应当定期更新，经济建设、国防建设、社会发展和生态保护急需的基础测绘成果应当及时更新。

基础测绘成果的更新周期根据不同地区国民经济和社会发展的需要确定。

第四章　界线测绘和其他测绘

第二十条　中华人民共和国国界线的测绘，按照中华人民共和国与相邻国家缔结的边界条约或者协定执行，由外交部组织实施。中华人民共和国地图的国界线标准样图，由外交部和国务院测绘地理信息主管部门拟定，报国务院批准后公布。

第二十一条　行政区域界线的测绘，按照国务院有关规定执行。省、自治区、直辖市和自治州、县、自治县、市行政区域界线的标准画法图，由国务院民政部门和国务院测绘地理信息主管部门拟定，报国务院批准后公布。

第二十二条　县级以上人民政府测绘地理信息主管部门应当会同本级人民政府不动产登记主管部门，加强对不动产测绘的管理。

测量土地、建筑物、构筑物和地面其他附着物的权属界址线，应当按照县级以上人民政府确定的权属界线的界址点、界址线或者提供的有关登记资料和附图进行。权属界址线发生变化的，有关当事人应当及时进行变更测绘。

第二十三条　城乡建设领域的工程测量活动，与房屋产权、产籍相关的房屋面积的测量，应当执行由国务院住房城乡建设主管部门、国务院测绘地理信息主管部门组织编制的测量技术规范。

水利、能源、交通、通信、资源开发和其他领域的工程测量活动，应当执行国家有关的工程测量技术规范。

第二十四条　建立地理信息系统，应当采用符合国家标准的基础地理信息数据。

第二十五条　县级以上人民政府测绘地理信息主管部门应当根据突发事件应对工作需要，及时提供地图、基础地理信息数据等测绘成果，做好遥感监测、导航定位等应急测绘保障工作。

第二十六条　县级以上人民政府测绘地理信息主管部门应当会同本级人民政府其他有关部门依法开展地理国情监测，并按照国家有关规定严格管理、规范使用地理国情监测成果。

各级人民政府应当采取有效措施，发挥地理国情监测成果在政府决策、经济社会发展和社会公众服务中的作用。

第五章　测绘资质资格

第二十七条　国家对从事测绘活动的单位实行测绘资质管理制度。

从事测绘活动的单位应当具备下列条件，并依法取得相应等级的测绘资质证书，方可从事测绘活动：

(一) 有法人资格；

(二) 有与从事的测绘活动相适应的专业技术人员；

(三) 有与从事的测绘活动相适应的技术装备和设施；

(四) 有健全的技术和质量保证体系、安全保障措施、信息安全保密管理制度以及测绘成果和资料档案管理制度。

第二十八条　国务院测绘地理信息主管部门和省、自治区、直辖市人民政府测绘地理信息主管部门按照各自的职责负责测绘资质审查、发放测绘资质证书。具体办法由国务院测绘地理信息主管部门商国务院其他有关部门规定。

军队测绘部门负责军事测绘单位的测绘资质审查。

第二十九条　测绘单位不得超越资质等级许可的范围从事测绘活动，不得以其他测绘单位的名义从事测绘活动，不得允许其他单位以本单位的名义从事测绘活动。

测绘项目实行招投标的，测绘项目的招标单位应当依法在招标公告或者投标邀请书中对测绘单位资质等级作出要求，不得让不具有相应测绘资质等级的单位中标，不得让测绘单位低于测绘成本中标。

中标的测绘单位不得向他人转让测绘项目。

第三十条　从事测绘活动的专业技术人员应当具备相应的执业资格条件。具体办法由国务院测绘地理信息主管部门会同国务院人力资源和社会保障主管部门规定。

第三十一条　测绘人员进行测绘活动时，应当持有测绘作业证件。

任何单位和个人不得阻碍测绘人员依法进行测绘活动。

第三十二条　测绘单位的测绘资质证书、测绘专业技术人员的执业证书和测绘人员的测绘作业证件的式样，由国务院测绘地理信息主管部门统一规定。

第六章　测　绘　成　果

第三十三条　国家实行测绘成果汇交制度。国家依法保护测绘成果的知识产权。

测绘项目完成后，测绘项目出资人或者承担国家投资的测绘项目的单位，应当向国务院测绘地理信息主管部门或者省、自治区、直辖市人民政府测绘地理信息主管部门汇交测绘成果资料。属于基础测绘项目的，应当汇交测绘成果副本；属于非基础测绘项目的，应当汇交测绘成果目录。负责接收测绘成果副本和目录的测绘地理信息主管部门应当出具测绘成果汇交凭证，并及时将测绘成果副本和目录移交给保管单位。测绘成果汇交的具体办法由国务院规定。

国务院测绘地理信息主管部门和省、自治区、直辖市人民政府测绘地理信息主管部门应当及时编制测绘成果目录，并向社会公布。

第三十四条　县级以上人民政府测绘地理信息主管部门应当积极推进公众版测绘成果的加工和编制工作，通过提供公众版测绘成果、保密技术处理等方式，促进测绘成果的社会化应用。

测绘成果保管单位应当采取措施保障测绘成果的完整和安全，并按照国家有关规定向社会公开和提供利用。

测绘成果属于国家秘密的，适用保密法律、行政法规的规定；需要对外提供的，按照国务院和中央军事委员会规定的审批程序执行。

测绘成果的秘密范围和秘密等级，应当依照保密法律、行政法规的规定，按照保障国家秘密安全、促进地理信息共享和应用的原则确定并及时调整、公布。

第三十五条　使用财政资金的测绘项目和涉及测绘的其他使用财政资金的项目，有关部门在批准立项前应当征求本级人民政府测绘地理信息主管部门的意见；有适宜测绘成果的，应当充分利用已有的测绘成果，避免重复测绘。

第三十六条　基础测绘成果和国家投资完成的其他测绘成果，用于政府决策、国防建设和公共服务的，应当无偿提供。

除前款规定情形外，测绘成果依法实行有偿使用制度。但是，各级人民政府及有关部门和军队因防灾减灾、应对突发事件、维护国家安全等公共利益的需要，可以无偿使用。

测绘成果使用的具体办法由国务院规定。

第三十七条　中华人民共和国领域和中华人民共和国管辖的其他海域的位置、高程、深度、面积、长度等重要地理信息数据，由国务院测绘地理信息主管部门审核，并与国务院其他有关部门、军队测绘部门会商后，报国务院批准，由国务院或者国务院授权的部门公布。

第三十八条　地图的编制、出版、展示、登载及更新应当遵守国家有关地图编制标准、地图内容表示、地图审核的规定。

互联网地图服务提供者应当使用经依法审核批准的地图，建立地图数据安全管理制度，采取安全保障措施，加强对互联网地图新增内容的核校，提高服务质量。

县级以上人民政府和测绘地理信息主管部门、网信部门等有关部门应当加强对地图编制、出版、展示、登载和互联网地图服务的监督管理，保证地图质量，维护国家主权、安全和利益。

地图管理的具体办法由国务院规定。

第三十九条　测绘单位应当对完成的测绘成果质量负责。县级以上人民政府测绘地理信息主管部门应当加强对测绘成果质量的监督管理。

第四十条　国家鼓励发展地理信息产业，推动地理信息产业结构调整和优化升级，支持开发各类地理信息产品，提高产品质量，推广使用安全可信的地理信息技术和设备。

县级以上人民政府应当建立健全政府部门间地理信息资源共建共享机制，引导和支持企业提供地理信息社会化服务，促进地理信息广泛应用。

县级以上人民政府测绘地理信息主管部门应当及时获取、处理、更新基础地理信息数据，通过地理信息公共服务平台向社会提供地理信息公共服务，实现地理信息数据开放共享。

第七章　测量标志保护

第四十一条　任何单位和个人不得损毁或者擅自移动永久性测量标志和正在使用中的临时性测量标志，不得侵占永久性测量标志用地，不得在永久性测量标志安全控制范围内从事危害测量标志安全和使用效能的活动。

本法所称永久性测量标志，是指各等级的三角点、基线点、导线点、军用控制点、重力点、天文点、水准点和卫星定位点的觇标和标石标志，以及用于地形测图、工程测量和形变测量的固定标志和海底大地点设施。

第四十二条　永久性测量标志的建设单位应当对永久性测量标志设立明显标记，并委托当地有关单位指派专人负责保管。

第四十三条　进行工程建设，应当避开永久性测量标志；确实无法避开，需要拆迁永久性测量标志或者使永久性测量标志失去使用效能的，应当经省、自治区、直辖市人民政府测绘地理信息主管部门批准；涉及军用控制点的，应当征得军队测绘部门的同意。所需迁建费用由工程建设单位承担。

第四十四条　测绘人员使用永久性测量标志，应当持有测绘作业证件，并保证测量标志的完好。

保管测量标志的人员应当查验测量标志使用后的完好状况。

第四十五条　县级以上人民政府应当采取有效措施加强测量标志的保护工作。

县级以上人民政府测绘地理信息主管部门应当按照规定检查、维护永久性测量标志。

乡级人民政府应当做好本行政区域内的测量标志保护工作。

第八章　监督管理

第四十六条　县级以上人民政府测绘地理信息主管部门应当会同本级人民政府其他有关部门建立地理信息安全管理制度和技术防控体系，并加强对地理信息安全的监督管理。

第四十七条　地理信息生产、保管、利用单位应当对属于国家秘密的地理信息的获取、持有、提供、利用情况进行登记并长期保存，实行可追溯管理。

从事测绘活动涉及获取、持有、提供、利用属于国家秘密的地理信息，应当遵守保密法律、行政法规和国家有关规定。

地理信息生产、利用单位和互联网地图服务提供者收集、使用用户个人信息的，应当遵守法律、行政法规关于个人信息保护的规定。

第四十八条　县级以上人民政府测绘地理信息主管部门应当对测绘单位实行信用管理，并依法将其信用信息予以公示。

第四十九条　县级以上人民政府测绘地理信息主管部门应当建立健全随机抽查机制，

依法履行监督检查职责，发现涉嫌违反本法规定行为的，可以依法采取下列措施：

（一）查阅、复制有关合同、票据、账簿、登记台账以及其他有关文件、资料；

（二）查封、扣押与涉嫌违法测绘行为直接相关的设备、工具、原材料、测绘成果资料等。

被检查的单位和个人应当配合，如实提供有关文件、资料，不得隐瞒、拒绝和阻碍。

任何单位和个人对违反本法规定的行为，有权向县级以上人民政府测绘地理信息主管部门举报。接到举报的测绘地理信息主管部门应当及时依法处理。

第九章　法　律　责　任

第五十条　违反本法规定，县级以上人民政府测绘地理信息主管部门或者其他有关部门工作人员利用职务上的便利收受他人财物、其他好处或者玩忽职守，对不符合法定条件的单位核发测绘资质证书，不依法履行监督管理职责，或者发现违法行为不予查处的，对负有责任的领导人员和直接责任人员，依法给予处分；构成犯罪的，依法追究刑事责任。

第五十一条　违反本法规定，外国的组织或者个人未经批准，或者未与中华人民共和国有关部门、单位合作，擅自从事测绘活动的，责令停止违法行为，没收违法所得、测绘成果和测绘工具，并处十万元以上五十万元以下的罚款；情节严重的，并处五十万元以上一百万元以下的罚款，限期出境或者驱逐出境；构成犯罪的，依法追究刑事责任。

第五十二条　违反本法规定，未经批准擅自建立相对独立的平面坐标系统，或者采用不符合国家标准的基础地理信息数据建立地理信息系统的，给予警告，责令改正，可以并处五十万元以下的罚款；对直接负责的主管人员和其他直接责任人员，依法给予处分。

第五十三条　违反本法规定，卫星导航定位基准站建设单位未报备案的，给予警告，责令限期改正；逾期不改正的，处十万元以上三十万元以下的罚款；对直接负责的主管人员和其他直接责任人员，依法给予处分。

第五十四条　违反本法规定，卫星导航定位基准站的建设和运行维护不符合国家标准、要求的，给予警告，责令限期改正，没收违法所得和测绘成果，并处三十万元以上五十万元以下的罚款；逾期不改正的，没收相关设备；对直接负责的主管人员和其他直接责任人员，依法给予处分；构成犯罪的，依法追究刑事责任。

第五十五条　违反本法规定，未取得测绘资质证书，擅自从事测绘活动的，责令停止违法行为，没收违法所得和测绘成果，并处测绘约定报酬一倍以上二倍以下的罚款；情节严重的，没收测绘工具。

以欺骗手段取得测绘资质证书从事测绘活动的，吊销测绘资质证书，没收违法所得和测绘成果，并处测绘约定报酬一倍以上二倍以下的罚款；情节严重的，没收测绘工具。

第五十六条　违反本法规定，测绘单位有下列行为之一的，责令停止违法行为，没收违法所得和测绘成果，处测绘约定报酬一倍以上二倍以下的罚款，并可以责令停业整顿或者降低测绘资质等级；情节严重的，吊销测绘资质证书：

（一）超越资质等级许可的范围从事测绘活动；

（二）以其他测绘单位的名义从事测绘活动；

（三）允许其他单位以本单位的名义从事测绘活动。

第五十七条 违反本法规定，测绘项目的招标单位让不具有相应资质等级的测绘单位中标，或者让测绘单位低于测绘成本中标的，责令改正，可以处测绘约定报酬二倍以下的罚款。招标单位的工作人员利用职务上的便利，索取他人财物，或者非法收受他人财物为他人谋取利益的，依法给予处分；构成犯罪的，依法追究刑事责任。

第五十八条 违反本法规定，中标的测绘单位向他人转让测绘项目的，责令改正，没收违法所得，处测绘约定报酬一倍以上二倍以下的罚款，并可以责令停业整顿或者降低测绘资质等级；情节严重的，吊销测绘资质证书。

第五十九条 违反本法规定，未取得测绘执业资格，擅自从事测绘活动的，责令停止违法行为，没收违法所得和测绘成果，对其所在单位可以处违法所得二倍以下的罚款；情节严重的，没收测绘工具；造成损失的，依法承担赔偿责任。

第六十条 违反本法规定，不汇交测绘成果资料的，责令限期汇交；测绘项目出资人逾期不汇交的，处重测所需费用一倍以上二倍以下的罚款；承担国家投资的测绘项目的单位逾期不汇交的，处五万元以上二十万元以下的罚款，并处暂扣测绘资质证书，自暂扣测绘资质证书之日起六个月内仍不汇交的，吊销测绘资质证书；对直接负责的主管人员和其他直接责任人员，依法给予处分。

第六十一条 违反本法规定，擅自发布中华人民共和国领域和中华人民共和国管辖的其他海域的重要地理信息数据的，给予警告，责令改正，可以并处五十万元以下的罚款；对直接负责的主管人员和其他直接责任人员，依法给予处分；构成犯罪的，依法追究刑事责任。

第六十二条 违反本法规定，编制、出版、展示、登载、更新的地图或者互联网地图服务不符合国家有关地图管理规定的，依法给予行政处罚、处分；构成犯罪的，依法追究刑事责任。

第六十三条 违反本法规定，测绘成果质量不合格的，责令测绘单位补测或者重测；情节严重的，责令停业整顿，并处降低测绘资质等级或者吊销测绘资质证书；造成损失的，依法承担赔偿责任。

第六十四条 违反本法规定，有下列行为之一的，给予警告，责令改正，可以并处二十万元以下的罚款；对直接负责的主管人员和其他直接责任人员，依法给予处分；造成损失的，依法承担赔偿责任；构成犯罪的，依法追究刑事责任：

(一) 损毁、擅自移动永久性测量标志或者正在使用中的临时性测量标志；

(二) 侵占永久性测量标志用地；

(三) 在永久性测量标志安全控制范围内从事危害测量标志安全和使用效能的活动；

(四) 擅自拆迁永久性测量标志或者使永久性测量标志失去使用效能，或者拒绝支付迁建费用；

(五) 违反操作规程使用永久性测量标志，造成永久性测量标志毁损。

第六十五条 违反本法规定，地理信息生产、保管、利用单位未对属于国家秘密的地理信息的获取、持有、提供、利用情况进行登记、长期保存的，给予警告，责令改正，可以并处二十万元以下的罚款；泄露国家秘密的，责令停业整顿，并处降低测绘资质等级或者吊销测绘资质证书；构成犯罪的，依法追究刑事责任。

违反本法规定，获取、持有、提供、利用属于国家秘密的地理信息的，给予警告，责令停止违法行为，没收违法所得，可以并处违法所得二倍以下的罚款；对直接负责的主管人员和其他直接责任人员，依法给予处分；造成损失的，依法承担赔偿责任；构成犯罪的，依法追究刑事责任。

第六十六条　本法规定的降低测绘资质等级、暂扣测绘资质证书、吊销测绘资质证书的行政处罚，由颁发测绘资质证书的部门决定；其他行政处罚，由县级以上人民政府测绘地理信息主管部门决定。

本法第五十一条规定的限期出境和驱逐出境由公安机关依法决定并执行。

第十章　附　　则

第六十七条　军事测绘管理办法由中央军事委员会根据本法规定。

第六十八条　本法自 2017 年 7 月 1 日起施行。

参 考 文 献

[1]　张敬伟. 建筑工程测量实训指导书[M]. 郑州：黄河水利出版社，2014.

[2]　李香玲. 道路工程测量实训[M]. 郑州：黄河水利出版社，2015.

[3]　顾孝烈，鲍峰，程效军. 测量学实验[M]. 2 版. 上海：同济大学出版社，2003.

[4]　张正禄. 工程测量学[M]. 2 版. 武汉：武汉大学出版社，2013.

[5]　陆国胜，王学颖. 测绘学基础[M]. 北京：测绘出版社，2006.

[6]　徐绍铨，张华海，杨志强，等. GPS 测量原理及应用[M]. 4 版. 武汉：武汉大学出版社，2017.

[7]　潘正风，程效军，成枢，等. 数字地形测量学[M]. 武汉：武汉大学出版社，2015.

[8]　测绘学名词审定委员会. 测绘学名词[M]. 4 版. 北京：测绘出版社，2019.

[9]　中华人民共和国国家市场监督管理总局，中国国家标准化管理委员会. 国家基本比例尺地图图式第 1 部分：1∶500　1∶1000　1∶2000 地形图图式：GB/T 20257.1—2017 [S]. 北京：中国标准出版社，2017.

[10]　中华人民共和国住房和城乡建设部. GB/T 50308—2017 城市轨道交通工程测量规范 [S]. 北京：中国建筑工业出版社，2017.